JN071109

問題と解答
結晶電子顕微鏡学

坂 公恭 著

内田老鶴圃

本書の全部あるいは一部を断わりなく転載または
複写(コピー)することは，著作権および出版権の
侵害となる場合がありますのでご注意下さい．

まえがき

　本書は，内田老鶴圃出版の「結晶電子顕微鏡学-材料研究者のための-」およびその増補新版に掲載されている「問題」の解答集である．

　本書中の図の番号は各章で通し番号としてあるが，「結晶電子顕微鏡学-材料研究者のための-増補新版」の図の番号との関連を明確にするようにした．具体的には，通し番号の後にかっこで「結晶電子顕微鏡学-材料研究者のための-増補新版」の図の番号を**図 1-1（a）**（⊤図 1-7）のように追記した．ここで，⊤は「結晶電子顕微鏡学-材料研究者のための-増補新版」を意味する．つまり，**図 1-1（a）**は「結晶電子顕微鏡学-材料研究者のための-増補新版」の図 1-7 と同一であることを意味する．

　また，本書では本格的な 2 色刷りを採用した．これに関しては内田老鶴圃の英断を多としたい．本書ではステレオ投影も詳しく論述したが，これには「2 色刷り」が読者の理解を深めるのに威力を発揮するものと確信している．また，逆格子の概念も難しいものがあるが，「2 色刷り」はその理解にも役立つと期待している．

　本書を含めた結晶電子顕微鏡学シリーズの主な目的は，転位などの格子欠陥の回折コントラストをやさしく論述することであるが，回折コントラストとはブラッグの条件が局所的に満たされることによって発生する．つまり格子面が局所的に回転することによって，局所的にブラッグ条件を満たす領域が現れることによってコントラストが発生する．その理解には必ずしも難解な数学はひつようとしない．読者は本書の例題を解くことにより，このことを実感していただきたい．

　最後に，本書の執筆にあたり，一部，坂貴博士の助言を得た．また，図 9-3 は岩田博之博士との共同研究による．記して謝意を表する．

　2022 年 11 月

坂　　公恭

i

本書では右手系を採用する．多くの読者は当然のことと受け止めるであろう．ところが正三角形 ABC を描けといわれると，十中，八九の日本人は左下の図のように描くであろう．しかし，これは左手系である．A→B→C の回転が反時計回りであるからである．右手系の場合には右下のように時計回りにならなければならない．しかし，これには多くの日本人が違和感をもつかもしれない．欧米では正三角形 ABC は右下図のように描くことが多い．本書でもこの方式を採用する．

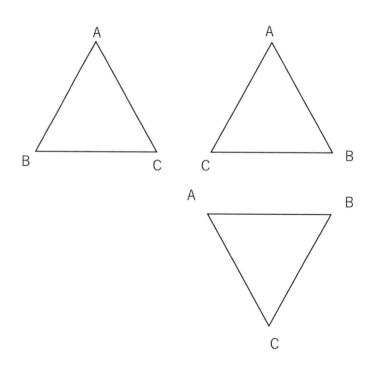

目　次

第1章　結晶学の要点

第2章　結晶のステレオ投影と逆格子

第3章　結晶中の転位

第4章　結晶による電子線の回折

第9章　ウィーク・ビーム法，ステレオ観察等

第1章

結晶学の要点

問 題 1-1　Ⓣ p.6

図 1-1(a)（Ⓣ図 1-7）に示すように，面心立方（FCC）格子の単純単位格子の基本ベクトルを $\mathbf{a}', \mathbf{b}', \mathbf{c}'$ とすると

$$\mathbf{a}' = \frac{1}{2}[\mathbf{a}+\mathbf{b}], \quad \mathbf{b}' = \frac{1}{2}[\mathbf{b}+\mathbf{c}], \quad \mathbf{c}' = \frac{1}{2}[\mathbf{a}+\mathbf{c}]$$

で表される．

また，体心立方（BCC）格子の単純単位格子の基本ベクトル $\mathbf{a}', \mathbf{b}', \mathbf{c}'$ は

$$\mathbf{a}' = \frac{1}{2}[\mathbf{a}+\mathbf{b}-\mathbf{c}], \quad \mathbf{b}' = \frac{1}{2}[-\mathbf{a}+\mathbf{b}+\mathbf{c}], \quad \mathbf{c}' = \frac{1}{2}[\mathbf{a}-\mathbf{b}+\mathbf{c}]$$

で表されることを示せ．ただし，$[\mathbf{a}, \mathbf{b}, \mathbf{c}]$ は FCC 格子および BCC 格子（ブラベー格子）の基本ベクトルとする．

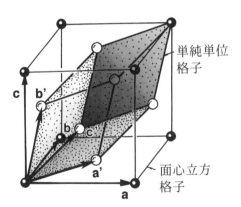

図 1-1(a)（Ⓣ図 1-7）　面心立方格子 $(\mathbf{a}, \mathbf{b}, \mathbf{c})$ は単純菱面体格子 $(\mathbf{a}', \mathbf{b}', \mathbf{c}')$ で表すことができる．

解 答 1-1　FCC 格子に関しては**図 1-1(a)（Ⓣ図 1-7）**を参照．
　BCC 格子に関しては**図 1-1(b)**を参照．

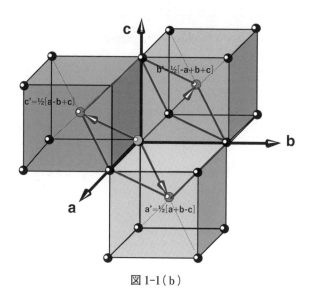

図 1-1（b）

【解説①】　単純単位格子の体積は

$$V = \mathbf{a}'[\mathbf{b}' \times \mathbf{c}']$$

で表される.

　FCC の基本格子に対しては

$$V = \mathbf{a}'[\mathbf{b}' \times \mathbf{c}'] = \begin{vmatrix} 1/2 & 1/2 & 0 \\ 0 & 1/2 & 1/2 \\ 1/2 & 0 & 1/2 \end{vmatrix}$$

$$= \frac{1}{2}\begin{vmatrix} 1/2 & 1/2 \\ 0 & 1/2 \end{vmatrix} - \frac{1}{2}\begin{vmatrix} 0 & 1/2 \\ 1/2 & 1/2 \end{vmatrix} + 0\begin{vmatrix} 0 & 1/2 \\ 1/2 & 0 \end{vmatrix}$$

$$= \frac{1}{8} + \frac{1}{8} = \frac{1}{4}$$

つまり，FCC 基本格子の体積はブラベー格子の FCC 格子の 1/4 である.

　FCC ブラベー格子は 4 個の格子点を含んでいるので，基本格子は 1 個の格子点を含んでいることになる.

　BCC の基本格子に対しては

$$V = \mathbf{a}'[\mathbf{b}' \times \mathbf{c}'] = \begin{vmatrix} 1/2 & 1/2 & -1/2 \\ -1/2 & 1/2 & 1/2 \\ 1/2 & -1/2 & 1/2 \end{vmatrix}$$

$$= \frac{1}{2}\begin{vmatrix} 1/2 & 1/2 \\ -1/2 & 1/2 \end{vmatrix} - \frac{1}{2}\begin{vmatrix} -1/2 & 1/2 \\ 1/2 & 1/2 \end{vmatrix} - \frac{1}{2}\begin{vmatrix} -1/2 & 1/2 \\ 1/2 & -1/2 \end{vmatrix}$$

$$= \frac{1}{2}\left(\frac{1}{4}+\frac{1}{4}\right) - \frac{1}{2}\left(-\frac{1}{4}-\frac{1}{4}\right) - \frac{1}{2}\left(\frac{1}{4}-\frac{1}{4}\right) = \frac{1}{4}+\frac{1}{4}+0 = \frac{1}{2}$$

つまり，BCC 基本格子の体積はブラベー格子の BCC 格子の 1/2 である．

　BCC ブラベー格子は 2 個の格子点を含んでいるので，基本格子は 1 個の格子点を含んでいることになる．

【解説②】　FCC 構造では単位格子に 4 個の格子点を含んでいる．その内訳は以下のようである．**図 1-1 (c)** より明らかなように，FCC 構造ではコーナーに 8 個の格子点（●で示す）と面心に 3 対の格子点（破線でつながれた○で示す）を含んでいる．コーナーの格子点●はそれぞれが隣接する 8 個の単位胞と共有されているので，1 個の●は実質的には 1/8 であるが，コーナーは全部で 8 個あるので，正味の格子点は 1/8×8＝1 となる．○で表す面心の格子点は，各 1 個が 2 つの単位胞に共有されているので実質的には 1/2 であるが，3 個のペアつまり 6 個存在するので正味の格子点の数は 1/2×6＝3 となる．これを合計すると 4 個の格子点を含むことになる．

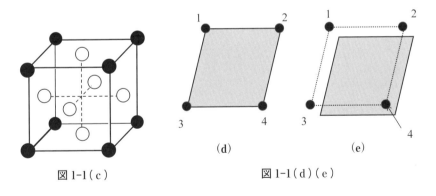

図 1-1 (c)　　　　　　　　　　図 1-1 (d) (e)

　●の格子点の数は，FCC あるいは BCC のように立方晶の場合は 1/8×8＝1 と簡単に計算できるが，**図 1-1 (d)** に示すような場合にはやや複雑になる．しかし，これは**図 1-1 (e)** に示すように，単位格子を少しずらしてやると 1 個の

格子点(例えば，4で示す)は完全に単位格子内に収まるが，他の格子点(1,2,3で示す)は完全に単位格子の外にはずれてしまう．これより●で示す格子点の正味の数が1個であることは明らかである．

問題 1-2　Ⓣ p.9

$(112), (123), (100), (1\bar{1}0), (1\bar{2}3)$ 面を描け *).

解答 1-2　図 1-2 の(a)(b)(c)は直交座標である．(a′)(b′)(c′)は非直交座標である．

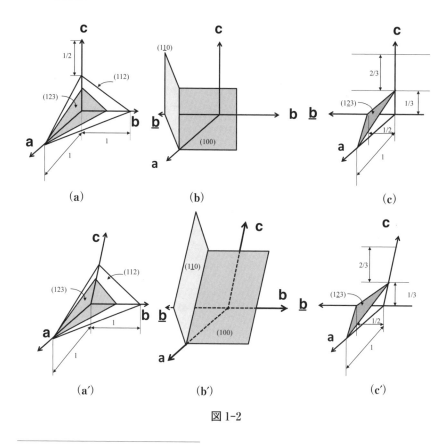

図 1-2

---

*)　本書では，$-h = \bar{h} = \underline{h}$ と表示することにする．

問 題 1-3　Ⓣp.9
　　〈110〉と {111} の具体的な指数をすべて書き出せ（{110} から〈110〉に変更した）.

解 答 1-3

〈110〉

110(DC)　101(DA)　011(DB)　1$\bar{1}$0(BA)　10$\bar{1}$(BC)　01$\bar{1}$(AC)

$\bar{1}\bar{1}$0(CD)　$\bar{1}$0$\bar{1}$(AD)　0$\bar{1}\bar{1}$(BD)　$\bar{1}$10(AB)　$\bar{1}$01(CB)　0$\bar{1}$1(CA)

{111}

111　11$\bar{1}$　1$\bar{1}$1　1$\bar{1}\bar{1}$　$\bar{1}\bar{1}\bar{1}$　$\bar{1}\bar{1}$1　$\bar{1}$1$\bar{1}$　$\bar{1}$11

(d)　($\bar{c}$)　($\bar{a}$)　(b)　($\bar{d}$)　(c)　(a)　($\bar{b}$)

【解説】　各指数の後のかっこ内に表記した記号は，トンプソンの四面体（解答 3-9, Ⓣ付録 H）の方向（〈110〉に対して）および面（{111} に対して）を表す記号である. 第 3 章でのトンプソンの四面体の記述の際に確認のこと.

問 題 1-4　Ⓣp.9
　　立方晶では (hkl) 面の法線は $[hkl]$ 方向と一致するが，それ以外の結晶系では一致するとは限らない. このことを正方晶の (101) 面の法線と $[101]$ の場合を例に取り考察せよ.
（ヒント）　**b** 軸の方向から眺めよ.

解 答 1-4　図 1-3 の立方晶（a）では $[101]$ は (101) に直交しているが，正方晶（b）（c）では直交していない.

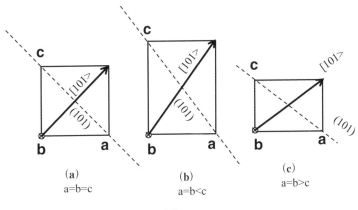

(a)
a=b=c

(b)
a=b<c

(c)
a=b>c

図 1-3

問　題 1-5　Ⓣp. 9

　　$i = -(h + k)$ となることを証明せよ.

　（ヒント）　**図 1-4**（Ⓣ図 1-11（改訂））参照.

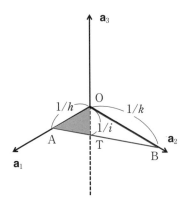

図 1-4（Ⓣ図 1-11（改訂））　六方晶用指数で面を表したとき，$i = -(h + k)$ となる.

解　答 1-5

$$\triangle \mathrm{AOT} = \frac{1}{2} \times \frac{1}{h} \times \left(-\frac{1}{i} \right) \sin 60°, \quad \triangle \mathrm{OTB} = \frac{1}{2} \times \left(-\frac{1}{i} \right) \times \frac{1}{k} \sin 60°,$$

$$\triangle \mathrm{OAB} = \frac{1}{2} \times \frac{1}{h} \times \frac{1}{k} \sin 120°$$

ここで，$\triangle \mathrm{OAB} = \triangle \mathrm{AOT} + \triangle \mathrm{OTB}$

$$\frac{1}{2hk} \sin 120° = -\frac{1}{2hi} \sin 60° - \frac{1}{2ik} \sin 60°$$

$$\frac{1}{2hk} = -\left(\frac{1}{2hi} + \frac{1}{2ik} \right)$$

$$\therefore \ i = -(h + k)$$

問　題 1-6　Ⓣp. 11

　　Ⓣ定理 1-1 の（1），（2）式を証明せよ.

　（ヒント）　$\mathbf{R} = u\mathbf{a}_1 + v\mathbf{a}_2 + t\mathbf{a}_3$, $\mathbf{R} = U\mathbf{a}_1 + V\mathbf{a}_2$, $\mathbf{a}_3 = -(\mathbf{a}_1 + \mathbf{a}_2)$

⊤定理 1-1
$$U = 2u + v, \quad V = u + 2v, \quad W = w, \qquad (1)$$
$$u = \frac{1}{3}(2U - V), \quad v = \frac{1}{3}(2V - U), \quad w = W$$
$$t = -(u + v) \qquad (2)$$

解答 1-6
$$\mathbf{R} = u\mathbf{a}_1 + v\mathbf{a}_2 + t\mathbf{a}_3,$$
$$\mathbf{R} = U\mathbf{a}_1 + V\mathbf{a}_2 = u\mathbf{a}_1 + v\mathbf{a}_2 + t\mathbf{a}_3$$
$$= u\mathbf{a}_1 + v\mathbf{a}_2 - t(\mathbf{a}_1 + \mathbf{a}_2) = (u - t)\mathbf{a}_1 + (v - t)\mathbf{a}_2$$
$$t = -(u + v) \qquad (2)$$

より
$$U = 2u + v, \quad V = u + 2v \qquad (1)$$

$W = w$ は自明.

問題 1-7 ⊤ p. 11

図 1-5(⊤図 1-12(改訂))中で①, ②, ③の方向を $[UVW]$ と $[uvtw]$ の 2 つの方法で表記せよ.

(ヒント) まず, $[UVW]$ を決定せよ.

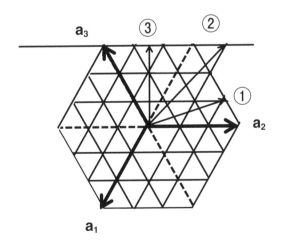

図 1-5(⊤図 1-12(改訂))

解答 1-7

① $U=-1$, $V=2$ のとき

$$u = \frac{1}{3}(2U - V), \quad v = \frac{1}{3}(2V - U)$$

に代入すると

$$u = \frac{1}{3}(2\times(-1)-2) = \frac{-4}{3}$$

$$v = \frac{1}{3}(2\times 2+1) = \frac{5}{3}$$

結局，$\bar{4}, 5, \bar{1}, 0$ が求める方向である．ここで $t = -(u+v)$ を用いた．また **図1-6(1)** を参照.

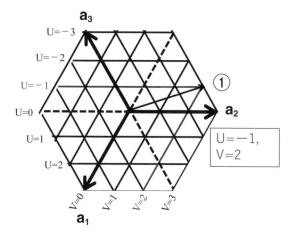

図1-6(1)

② $U=-3$, $V=1$ のとき

$$u = \frac{1}{3}(2U - V), \quad v = \frac{1}{3}(2V - U)$$

に代入すると

$$u = \frac{1}{3}(-6-1), \quad v = \frac{1}{3}(2+3)$$

$$u = \frac{-7}{3}, \quad v = \frac{5}{3}$$

$\bar{7}, 5, 2, 0$ が求める方向である（**図 1-6(2)**）.

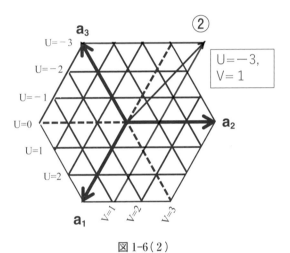

図 1-6(2)

③　$U=-2$,　$V=-1$ のとき

$$u = \frac{1}{3}(2U - V),\quad v = \frac{1}{3}(2V - U)$$

に代入すると

$$u = \frac{1}{3}(-4 + 1),\quad v = \frac{1}{3}(-2 + 2)$$

$$u = \frac{-3}{3} = -1,\quad v = 0$$

[$\bar{1}010$]が求める方向である(**図 1-6(3)**).

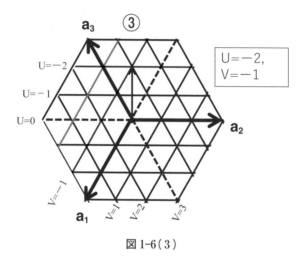

図 1-6(3)

問 題 1-8　Ⓣ p.12

Cu の格子定数は $a = 0.36147$ nm，原子量 63.54 である．密度を求めよ．

解　答 1-8　定義により原子量は 1 モルの質量を gr で表示したものである．1 モル
にはアボガドロ数 (6.02214×10^{23}) の原子が含まれているので，1 個の原子の
質 量 ＝ 原 子 量/$(6.02214 \times 10^{23}) = 63.54/(6.02214 \times 10^{23}) = 10.493 \times 10^{-23}$ gr
で表される．63.54 は Cu の原子量．Cu は FCC 構造なので，単位格子あたり
に 4 個の原子が含まれている．一方，Cu の格子定数は 3.6147 Å $= 0.36147$ nm
であるので，1 個の Cu 原子が占める体積は $0.36147^3 \div 4$ nm$^3 = 0.0118$ nm^3 で
ある．ゆえに Cu の密度 ρ は

$$\rho = 10.493 \times 10^{-23} \text{ gr} \div 0.0118 \text{ nm}^3 = 8.89 \text{ gr/cm}^3$$

問　題 1-9　Ⓣ p. 12

　原子をパチンコ玉のような剛球とみなすと，FCC の(111)面は剛球が最も密
に詰まった(最密充填)構造であることを示せ．

解　答 1-9　図 1-7(a)は FCC 構造を示す．原点とそれに等価な座標 1, 1, 1 に位置す
る原子は白色で表示してある(原点の原子は小さめで，座標 1, 1, 1 の原子は大
きく描いてある)．原点に近い方から黒色で表示した原子 $1', 2', 3', 4', 5', 6'$ と，
灰色で示した原子 1, 2, 3, 4, 5, 6 が存在している．この灰色で示した原子 1, 2, 3,
4, 5, 6 を取り出して紙面に水平に並べてみると最密充填構造であることが分か
る(図 1-7(b))．黒色で表示した原子 $1', 2', 3', 4', 5', 6'$ も同様に最密充填である．

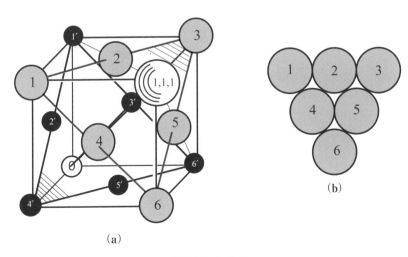

図 1-7(a)(b)

問 題 1-10　Ⓣ p. 15

　　HCP 構造は球を最密充塡した面が **abab** と 1 枚おきに積み重なったもので
あるのに対して，FCC 構造は同じような面が **abcabc** と 2 枚おきに重なった
ものであることを示せ．

解 答 1-10　**図 1-8** より HCP 構造が **abab** 積み重ねであることは明らか．問題 1-9
より FCC の(111)面が最密面であることも明らか．問題 1-9 より，FCC 構造
では●, ◉, ○の 3 つの(111)面が積み重なっている．その様子は**図 1-9** に示
すように，**abcabc** となっている．

【解説】　FCC 構造を取るか HCP 構造を取るかは，**a-b** の最近接原子間の相互
作用で決定されるのではなく，**abc** あるいは **aba** の第 2 近接原子間の相互作
用，つまり **a-c**(FCC)や **a-a**(HCP)により決定される．

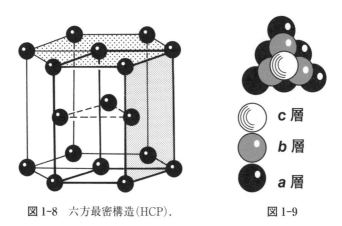

図 1-8　六方最密構造(HCP)．　　　　図 1-9

問 題 1-11　Ⓣ p.16

　Cl$^-$ は 1/2，1/2，1/2 を原点とする FCC 格子を形作っていることを示せ．

解 答 1-11　**表 1-1(a)** に示す Na$^+$ イオンの座標は，**表 1-1(b)** に示す FCC 格子の格子点の座標と同一である．つまり Na$^+$ は FCC 格子を組んでいる．これを x 方向に 1/2，y 方向に 1/2，z 方向に 1/2 だけ平行移動すると，**表 1-1(c)** のようになる．

表 1-1(a)

	Na$^+$			
x	0	0	1/2	1/2
y	0	1/2	0	1/2
z	0	1/2	1/2	0

表 1-1(b)

	原点	面心（FCC）		
x	0	0	1/2	1/2
y	0	1/2	0	1/2
z	0	1/2	1/2	0

表 1-1(c)

	⓪	①	②	③
x	0 → **1/2**	0　→　**1/2**	1/2→(1/2+1/2)=1=**0**	1/2→(1/2+1/2)=1=**0**
y	0 → **1/2**	1/2→(1/2+1/2)=1=**0**	0　→　**1/2**	1/2→(1/2+1/2)=1=**0**
z	0 → **1/2**	1/2→(1/2+1/2)=1=**0**	1/2→(1/2+1/2)=1=**0**	0　→　**1/2**

　平行移動した先の座標（ボールドで示す）は Cl$^-$ の座標と一致する．ここで ⓪ は Na$^+$ の原点．①②③ は**図 1-10** に示す Na$^+$ を示す．

　つまり，Cl$^-$ は 1/2，1/2，1/2 を原点とする FCC 格子を形成している．

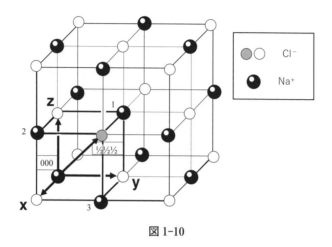

図 1-10

第2章

結晶のステレオ投影と逆格子

問題 2-1　Ⓣ p. 22

　　図 2-1 に立方晶の代表的な面とその法線方向を図示してある．図中のかっこ
内に指数を入れよ．

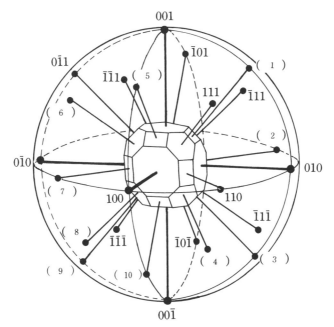

図 2-1　立方晶の代表的な面とその法線方向.

解答 2-1

（1）　011　　（2）　$\bar{1}$10　　（3）　01$\bar{1}$　　（4）　11$\bar{1}$　　（5）　101

（6）　1$\bar{1}$1　　（7）　1$\bar{1}$0　　（8）　1$\bar{1}\bar{1}$　　（9）　0$\bar{1}\bar{1}$　　（10）　10$\bar{1}$

問 題 2-2　　Ⓣ p. 25

東京 (北緯 36°：東経 140°)，ロンドン (北緯 52°：0°)，アンカレッジ (北緯 62°：西経 150°)，モスクワ (北緯 56°：東経 38°)，キーウ (北緯 50° 27′：東経 30° 30′) (キーウ追加)，ホノルル (北緯 20°：西経 160°)，サンフランシスコ (北緯 36°：西経 125°)，ニューヨーク (北緯 49°：西経 74°)，北京 (北緯 40°：東経 110°)，ボンベイ (北緯 20°：東経 73°)，バグダッド (北緯 33°：東経 45°)，リレハンメル (北緯 61°：東経 11°) の位置を，北極を中心とした極ステレオ網上に記せ．

解 答 2-2　図 2-2 に示す．

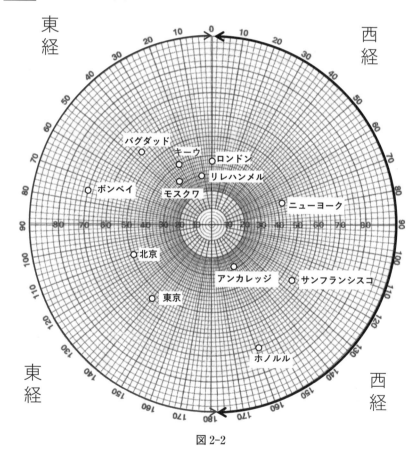

図 2-2

問題 2-3 Ⓣ p. 27

　問題 2-2 の結果を用い，東京を中心とした地図を作れ.

(ヒント)　**図 2-3**(Ⓣ図 2-8)に示すように，ウルフ網の上に問題 2-2 で作成した北極中心の地図を重ね合わせる(**図 2-4(1)**).それをウルフ網の中心に対して回転させ，東京がウルフ網の赤道上にくるようにする(**図 2-4(2)**).ついで，東京がウルフ網の中心にくるようにウルフ網の Z-Z′ 軸に関して回転させる(**図 2-4(3)**).

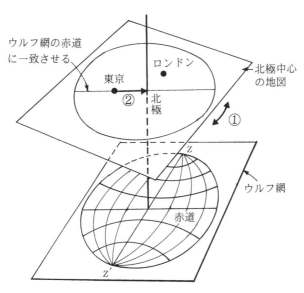

図 2-3(Ⓣ図 2-8)　問題 2-3 のヒント.東京をウルフ網の中心にもってくる方法.

解答 2-3　図 2-4(1)〜(3)に示す.

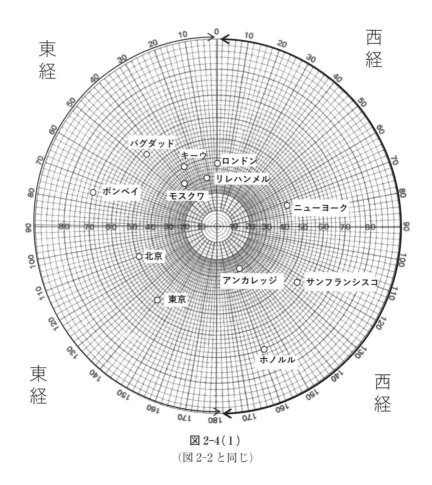

図 2-4（1）
（図 2-2 と同じ）

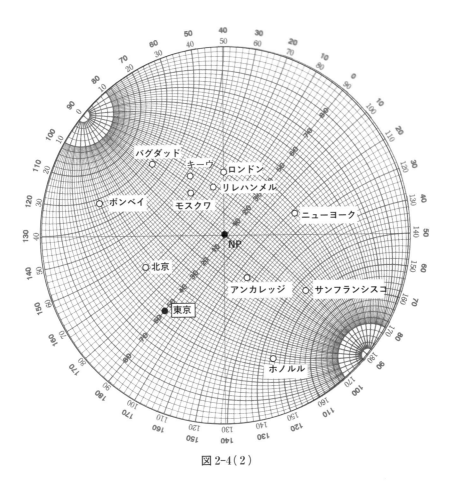

図 2-4（2）

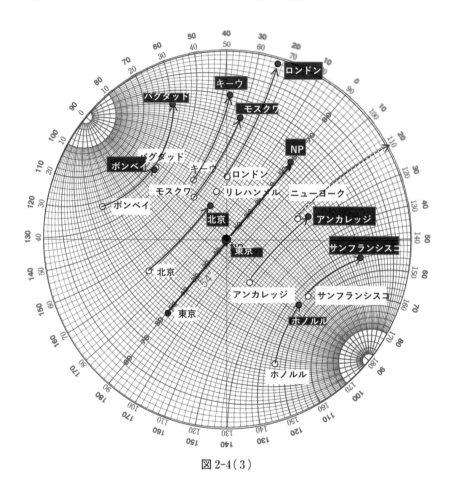

図 2-4(3)

問 題 2-4　Ⓣ p. 27

　　問題 2-2 の結果を用い，通常の東半球の地図を作製せよ．その場合，各都市の経度と緯度が問題 2-2 で与えられたものと一致することを確かめよ．また，ステレオ投影上から消える都市はどれか．

（ヒント）　北緯 0°，東経 90° の点をステレオ投影の中心にもってくる．

解 答 2-4　まず，北緯 0°，東経 90° の点を図 2-2 上に記入する（図 2-5(1)）.

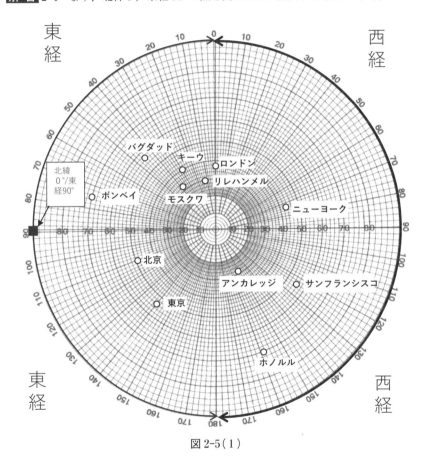

図 2-5(1)

ついでウルフ網を用いて，Z–Z′ 軸のまわりに 90° 回転させ，北緯 0°，東経 90° の極点をステレオ投影の中心にもってくる(**図 2-5(2)**).

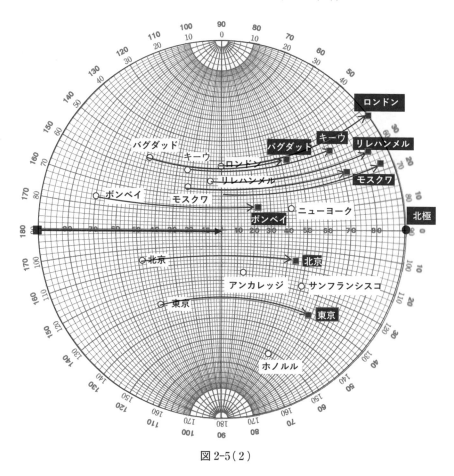

図 2-5(2)

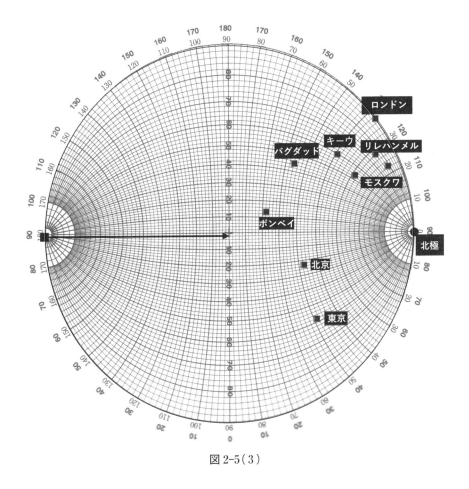

図 2-5(3)

　この状態では(地球上の)北極が横を向いている(**図 2-5(3)**)ので，全体を
−90°回転させると通常の東半球の地図が得られる(**図 2-5(4)**)．

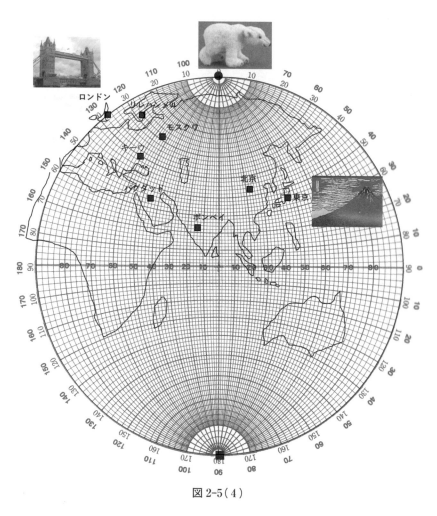

図 2-5(4)

　地図から消える都市は，ニューヨーク，アンカレッジ，ホノルル，サンフランシスコ，つまり，当然のことながら西半球に位置する都市である．

問 題 2-5 Ⓣ p. 28
　東京-ロンドン間の角度(距離)を，問題 2-2，2-3，2-4 の結果より求めよ．

解 答 2-5　まず，問題 2-2 の結果を用い，東京中心の地図を描く(**図 2-6(1)**，問題
　2-3 参照)．

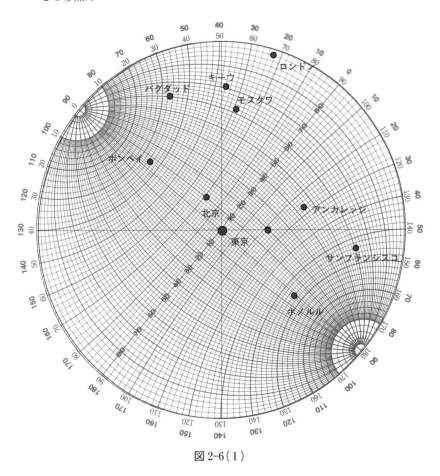

図 2-6(1)

この図から東京-ロンドン間の角度を求めるためには2つの方法がある．1つはウルフ網を回転させ，ロンドンを赤道上にもってくる(**図 2-6(2)**)．

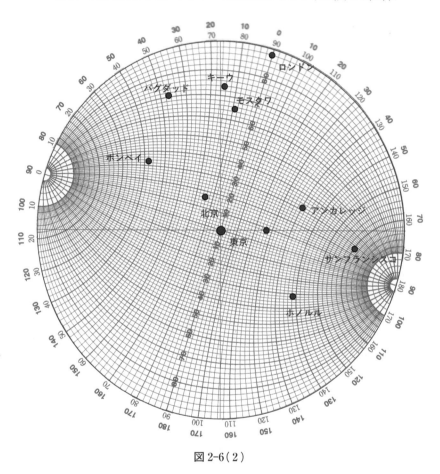

図 2-6(2)

いま1つは，ウルフ網の代わりに極ステレオ網を用いれば，東京-ロンドン間の角度は直ちに読み取ることができる（**図2-6(3)**）.

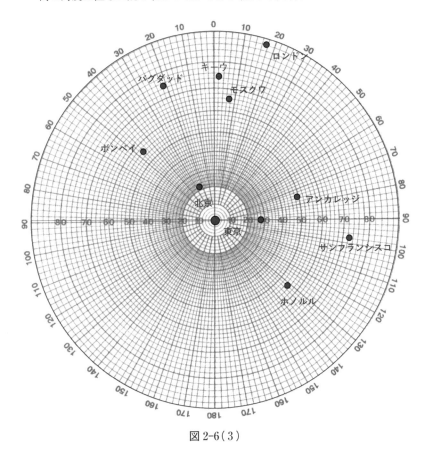

図2-6(3)

【解説】 東京-ロンドン間の角度は約 88° である．地球の円周は 40,000 km なので，東京-ロンドン間の距離は約 9,778 km となる.

問 題 2-6　Ⓣ p. 28

　011 と 111 の角度および 011 と $\bar{1}\bar{1}1$ の角度を 001 標準投影とウルフ網から求め，ベクトルの内積で求めた値と一致することを確かめよ．ただし，立方晶の場合，極点 $h_1k_1l_1$ と極点 $h_2k_2l_2$ の間の角度 θ は

$$\cos\theta = \frac{h_1h_2 + k_1k_2 + l_1l_2}{(h_1{}^2 + k_1{}^2 + l_1{}^2)^{1/2}(h_2{}^2 + k_2{}^2 + l_2{}^2)^{1/2}} \tag{1}$$

で表される．

解 答 2-6　（1）式より，011 と 111 がなす角度 θ_1 は

$$\cos\theta_1 = \frac{0\times1 + 1\times1 + 1\times1}{(0+1+1)^{1/2}(1+1+1)^{1/2}} = \frac{2}{\sqrt{2}\sqrt{3}} = \frac{2}{2.45} = 0.816$$

$$\theta_1 = 35°\,16'$$

011 と $\bar{1}\bar{1}1$ がなす角度 θ_2 は

$$\cos\theta_2 = \frac{0\times(-1) + 1\times(-1) + 1\times1}{(0+1+1)^{1/2}(1+1+1)^{1/2}} = \frac{0}{\sqrt{2}\sqrt{3}} = 0$$

$$\theta_2 = 90°$$

よって，110 と 111 がなす角度は 35° 16′ と 90° の 2 つがあることが分かる（Ⓣ付録 D 参照）．θ_1 と θ_2 がこれに対応している．

問 題 2-7 ⊤ p.29

　図 2-7(⊤図 2-6)に示した 001 標準投影からウルフ網を用い，011 標準投影と 111 標準投影を作製せよ．

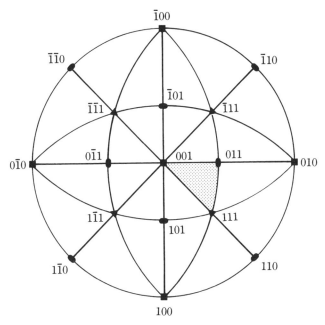

$\overline{1}00$

$\overline{1}\overline{1}0$　　　　　　　　$\overline{1}10$

$\overline{1}01$

$\overline{1}\overline{1}1$　　　$\overline{1}11$

$0\overline{1}0$　　$0\overline{1}1$　001　011　010

$1\overline{1}1$　101　111

$1\overline{1}0$　　　　110

100

図 2-7(⊤図 2-6)　立方晶の 001 標準投影．ハッチングした領域は標準三角形．

解 答 2-7

［011 標準投影］

　まず，001 標準投影(**図 2-8(1)**)の 111-110-100 を結ぶ大円を消す．これは以降の操作を行う際に紛らわしいからである．しかる後，$\overline{1}00$-100 軸のまわりに左向きに 45° 回転させて 011 をウルフ網の中心にもってくる．同時に，001 と $0\overline{1}1$ も 45° 回転させる．これらの操作は，**図 2-8(2)**で赤色の楕円で示した．

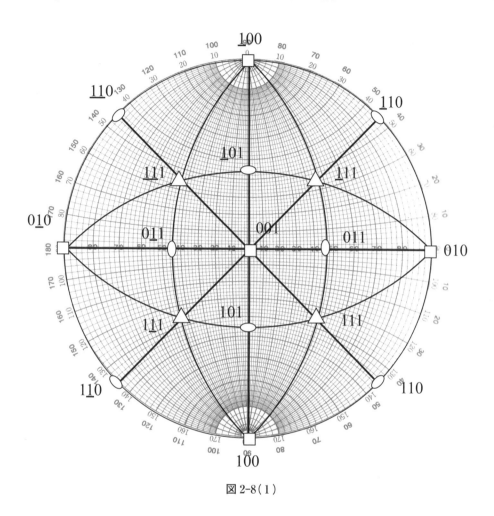

図 2-8(1)

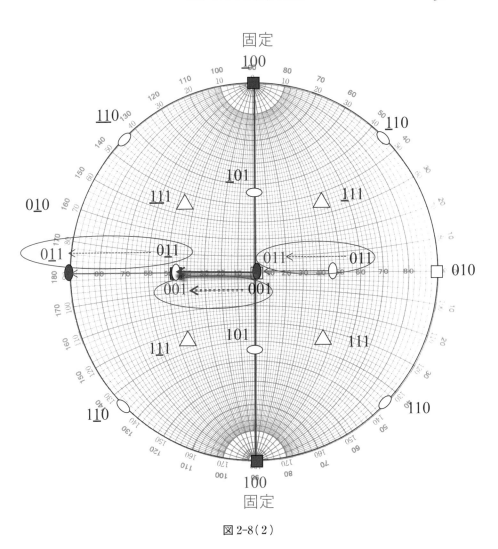

図 2-8 (2)

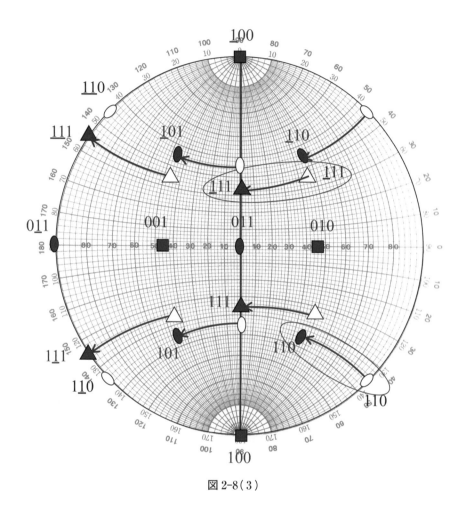

図 2-8 (3)

　　同様の操作を他の極点に対して行えば(**図 2-8 (3)**)，011 標準投影は完成する(**図 2-8 (4)**)．

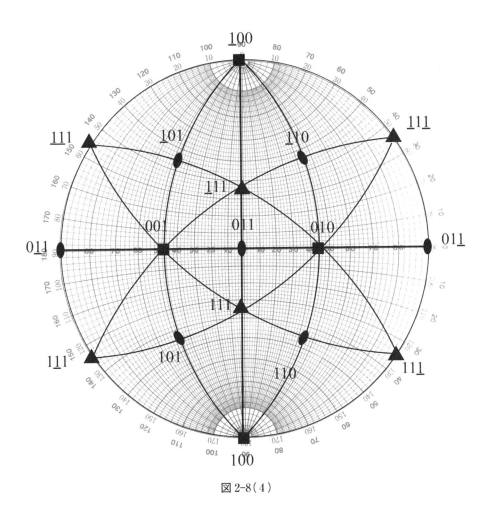

図 2-8(4)

[111 標準投影]

$\bar{1}$10-1$\bar{1}$0 軸がウルフ網の Z–Z′軸に一致するように回転させ，あとは同様の
操作を行えばよい(図 2-9(1)～(4)).

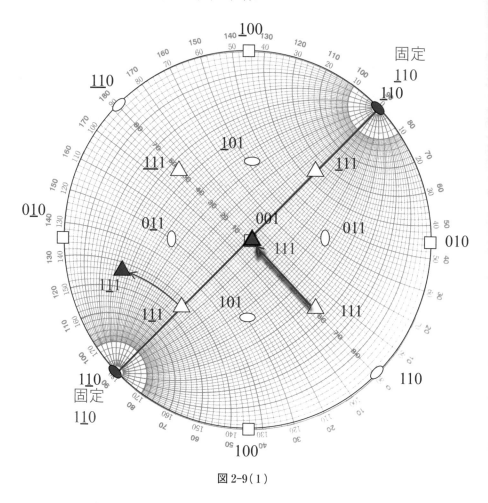

図 2-9(1)

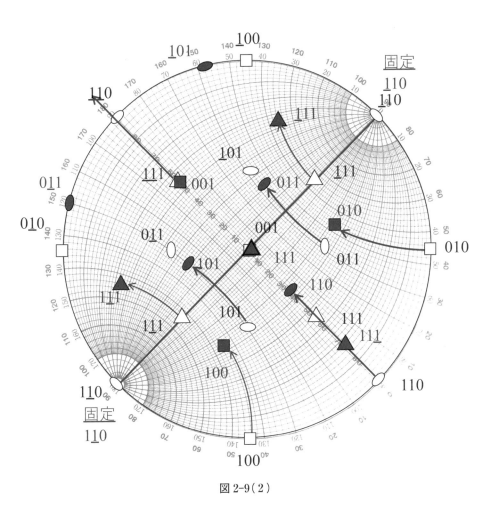

図 2-9(2)

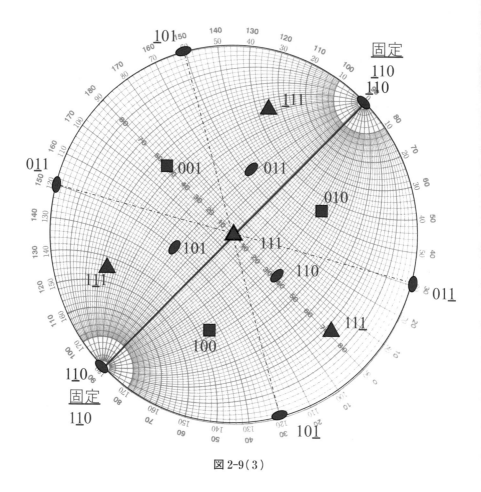

図 2-9（3）

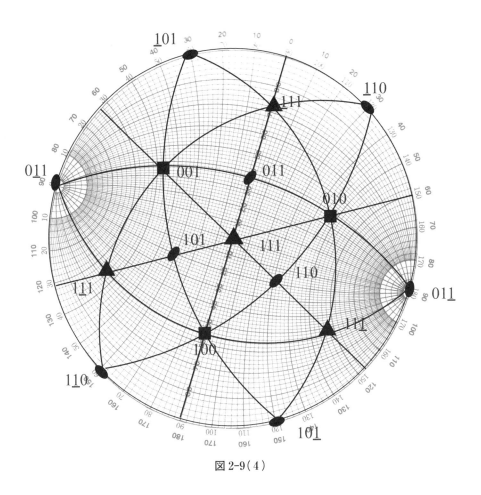

図2-9(4)

問 題 2-8   Ⓣ p. 29

001 標準投影上で 101 と 45° の角度をなす極点の軌跡を求めよ．この軌跡が
円になることを確かめよ．

解 答 2-8   まず，001 と 100 が 101 と 45° をなすことは明らかである（**図 2-10
（1）**）．

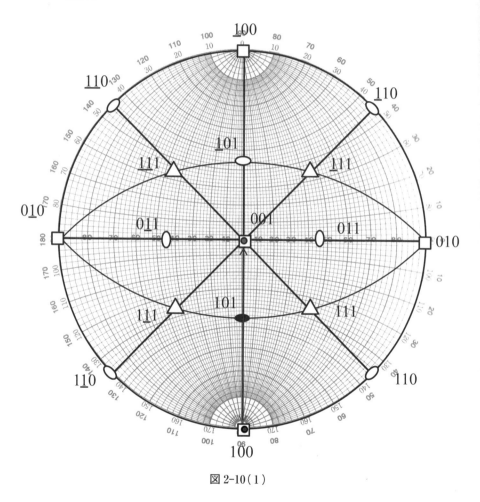

図 2-10(1)

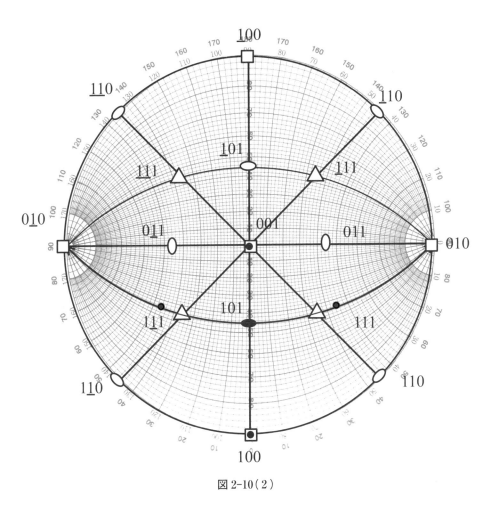

図 2-10(2)

ついで，ウルフ網を 90° 回転させると，010-111-101-1$\bar{1}$1-0$\bar{1}$0 を結ぶ大円上で赤丸で示した点が 101 と 45° をなす(**図 2-10(2)**).

さらに，ウルフ網を適宜回転させると，**図 2-10(3)～(5)**に示すように，101 と 45° をなす点が求まる．

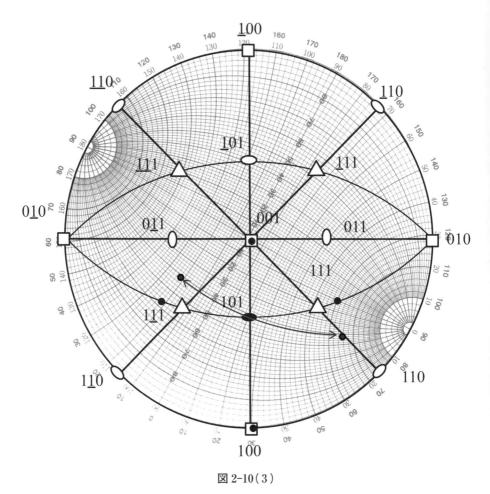

図 2-10(3)

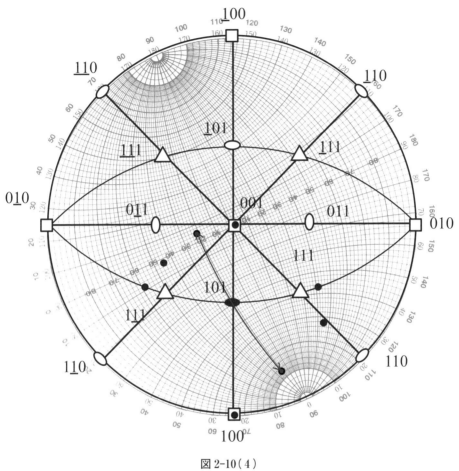

図 2-10（4）

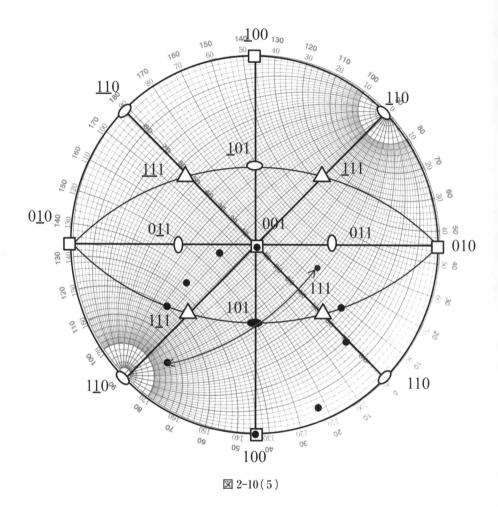

図 2-10(5)

結局，図 2-10（6）で示すように，101 と 45° の角度をなす極点の軌跡は円になる．

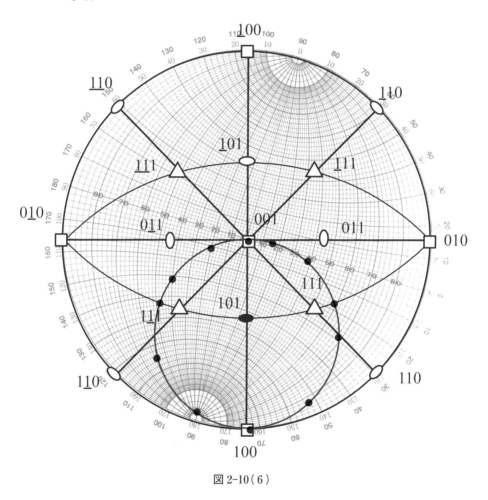

図 2-10（6）

問 題 2-9　Ⓣ p. 29

　　ある極点 P から 90° 以下の角度をなす極点の軌跡はステレオ投影上で円とな
る（小円*）という）．このことを証明せよ．

（ヒント）　**図 2-11（a）**（Ⓣ図 2-10（a））で結晶儀の中心を通る OBB′ は円錐で
ある（なぜならば切り口 BB′ は円だからである）．一方，ACC′ は（したがって
ADD′ も）楕円錐であるが，その切り口 BB′ は円となっている．BB′ のステレ
オ投影 DD′ が円となるための条件を考えよ（**図 2-11（b）**）（Ⓣ図 2-10（b））．

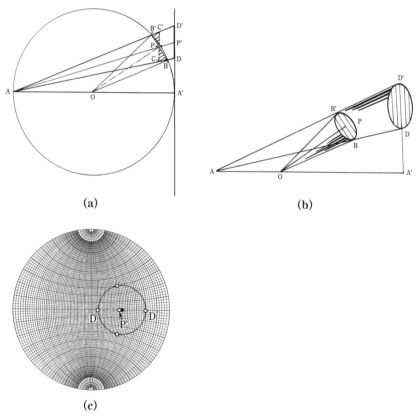

(a)　　　　　　　　　　　　　　(b)

(c)

図 2-11（Ⓣ図 2-10）　結晶儀上の小円のステレオ投影も円になるという証明．問題 2-
9 参照．

―――――――――――――――――――――

*）　緯線は赤道を除いてすべて小円である（Ⓣポイント 2-1 参照）．

解 答 2-9 　図 2-12(1)より

$$\angle AB'A' = 90°$$

$$\therefore \ \triangle AA'D' \backsim \triangle AA'B', \quad \therefore \ \angle AA'B' = \angle AD'A'$$

一方，

$$\angle AA'B' = \angle ABB'$$

$$\therefore \ \angle ABB' = \angle AD'A'$$

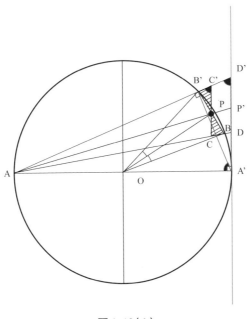

図 2-12(1)

別 解 2-9 　図 2-12（2）より

$$\therefore \quad \angle ABB' = \angle AA'B'$$

$$\angle AA'B' = 90° - \angle B'AA', \quad \angle AD'A' = 90° - \angle B'AA'$$

$$\therefore \quad \angle AD'A' = \angle AA'B' = \angle ABB'$$

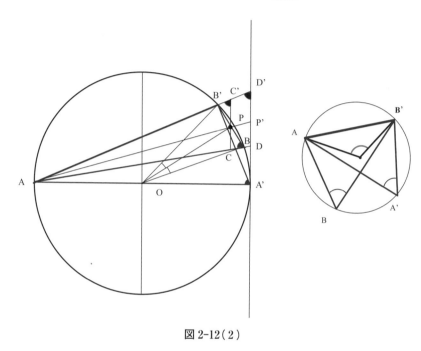

図 2-12（2）

問 題 2-10 　Ⓣ p.29

001 から 36°，011 から 19°，111 から 22° の極点を 001 標準投影に記入せよ．

解答 2-10 001 から 36°をなす極点の軌跡は，001 極点を中心とした半径 36°の円となる．**図 2-13(1)**中の赤い実線と■で示す．

011 から 19°をなす極点の軌跡は，赤道上で 011 から 19°をなす極点（2 個の●で示す）を直径とする円で表される（**図 2-13(1)**）．

111 から 22°の極点からウルフ網を回転させ，001-111-110 の大円がウルフ網の赤道あるいは北極-南極上にくるようにした後，22°の極点（2 個の▲で示す）を直径とした円を描く（**図 2-13(2)**）．

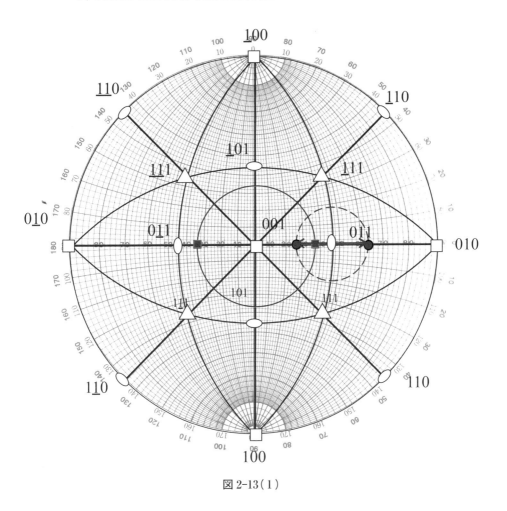

図 2-13(1)

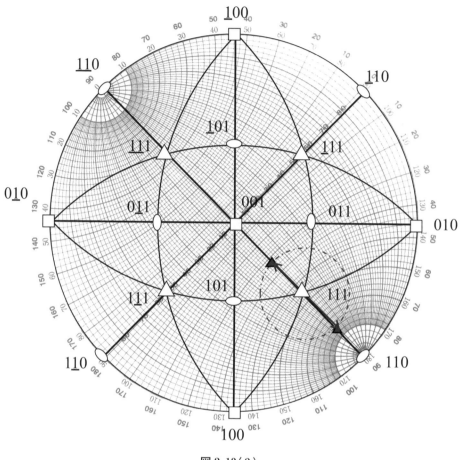

図 2-13（2）

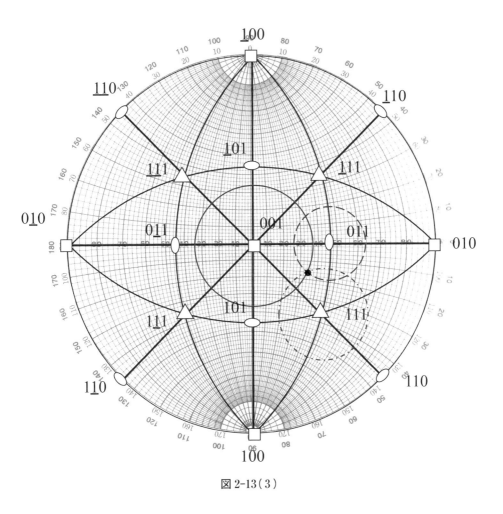

図 2-13(3)

よって，求める極点は●で示される(**図 2-13(3)**).

問 題 2-11 Ⓣ p. 32

[101]と[011]に直交する方向を以下の(1)(2)の2つの方法で求め，(1)式の結果と一致することを確かめよ．

2 方向[*HKL*]，[*hkl*]に垂直な方向[*uvw*]の決定(図 2-14(a))(①図 2-12(a))，または，2 つの面(*HKL*)と(*hkl*)の晶帯軸[*uvw*]の決定(図 2-14(b))(①図 2-12(b))

ベクトルで表示すれば

$$\begin{vmatrix} u & v & w \\ H & K & L \\ h & k & l \end{vmatrix} = u\begin{vmatrix} K & L \\ k & l \end{vmatrix} - v\begin{vmatrix} H & L \\ h & l \end{vmatrix} + w\begin{vmatrix} H & K \\ h & k \end{vmatrix}$$

$$= u(Kl - kL) - v(Hl - hL) + w(Hk - hK)$$

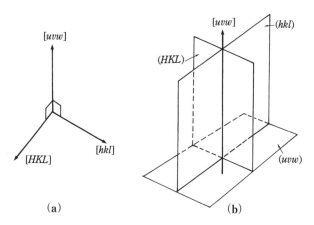

図 2-14(①図 2-12)　(a)2 方向[*HKL*]，[*hkl*]に垂直な方向[*uvw*]の決定，または
　　　　　　　　　　(b)2 つの面(*HKL*)と(*hkl*)の晶帯軸[*uvw*]の決定.

つまり，

$$u = Kl - kL, \quad v = hL - Hl, \quad w = Hk - hK \tag{1}$$

である.

uvw の決定には以下の 2 つの方法が考えられる.

(1)　①定理 2-4 を用いてまず *HKL* に直交するすべての極点 **a** を決定する. 次に，同様の方法で *hkl* に直交するすべての極点 **b** を決定する. *uvw* は **a**, **b** の交点である(**図 2-15(a)**)(①図 2-13(a)).

(2)　①定理 2-5 の逆演算をする. すなわち，

　①*HKL*，*hkl* がともに 1 つの大円に乗るようにウルフ網を回転する.

　②この大円から 90°の角度をなす極点 **c** が *uvw* である(**図 2-15(b)**)(①図 2-13(b)).

○T**定理 2-4**　小円 BB′ のステレオ投影 DD′ の中心は P のステレオ投影 P′ とは一致しない(**図 2-11**)(○T図 2-10(c))．

○T**定理 2-5**　ある方向 P′＝[*uvw*] に直交する方向[*hkl*]または P′ を含む面(*hkl*)の極点 p は，P′＝[*uvw*]から 90° の角度をなす大円上に存在する．

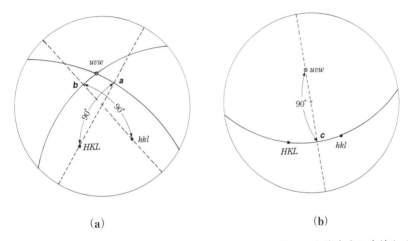

(a)　　　　　　　　　　　　　　**(b)**

図 2-15(○T図 2-13)　2 つの極点 *HKL*，*hkl* に垂直な極点 *uvw* を決定する方法(a)および(b)．

解 答 2-11

　［**方法（1）による解**］

　　101 および 011 をウルフ網に重ねて示すと，**図 2-16（1）**のようになる．
ここで，101 と 90° をなす極点の軌跡は赤い曲線で表される．

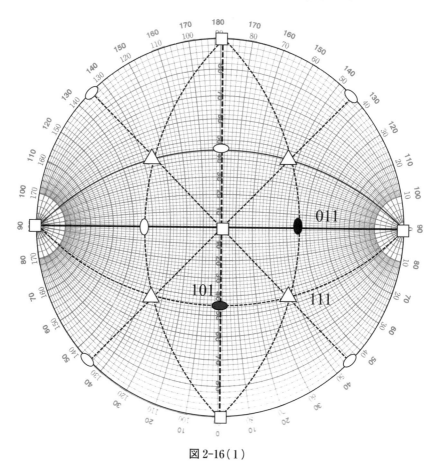

図 2-16（1）

011 と 90° をなす極点の軌跡は**図 2-16(2)**の赤い曲線で表される.

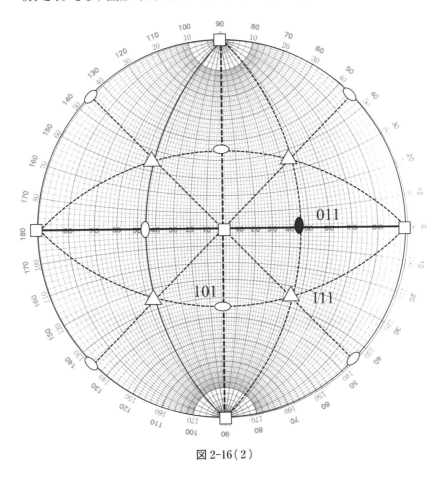

図 2-16(2)

この2つの曲線の交点が求める方向である(**図2-16(3)**).

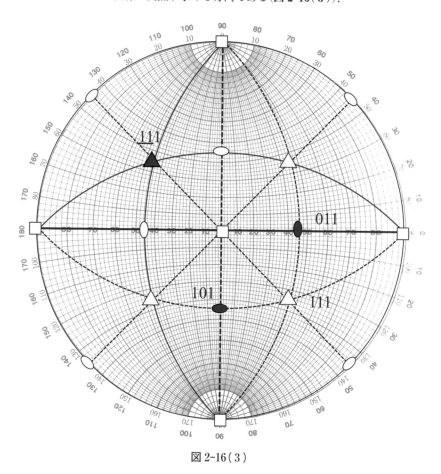

図 2-16(3)

[方法(2)による解]

図 2-16(4)に示すように，101 と 011 が乗る大円を描き，その大円から 90°
離れた極点が，求める極点 $\bar{1}\bar{1}1$ である.

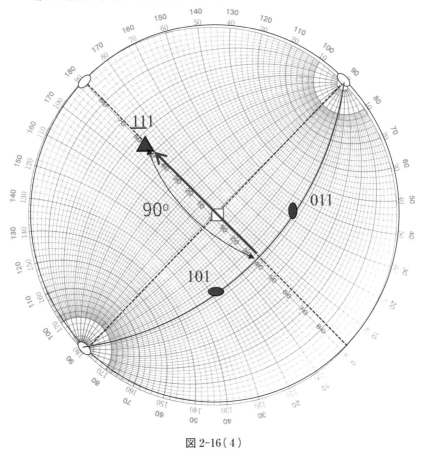

図 2-16(4)

(1)式によれば，

$$
\begin{vmatrix} u & v & w \\ H & K & L \\ h & k & l \end{vmatrix} = u \begin{vmatrix} K & L \\ k & l \end{vmatrix} - v \begin{vmatrix} H & L \\ h & l \end{vmatrix} + w \begin{vmatrix} H & K \\ h & k \end{vmatrix}
$$

$$
= u(Kl - kL) - v(Hl - hL) + w(Hk - hK)
$$

これに，$H = 1$，$K = 0$，$L = 1$ と $h = 0$，$k = 1$，$l = 1$ を代入すると，

$$
u = -1, \quad v = -1, \quad w = 1
$$

となり，ウルフ網の結果と一致する.

問 題 2-12　Ⓣ p. 33

　母体となる結晶の表面が(001)で，その結晶内部の{111}面上に板状の析出物(母結晶とは異なる構造をもつ微小な結晶)が存在する．母結晶表面での析出物のトレースを求めよ．

解 答 2-12　図 2-17 に示す．

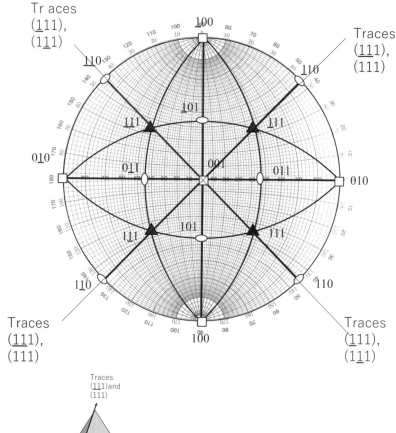

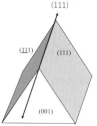

図 2-17

問 題 2-13　Ⓣ p. 34

母結晶の表面が(011)の場合にはどうなるか.

解 答 2-13　図 2-18 に示す.

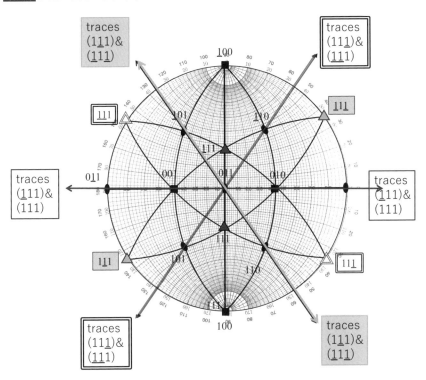

図 2-18

問題 2-14　Ⓣp.36

　単結晶に引張りあるいは圧縮の力を加えるとある結晶学的な面で優先的に結晶がずれる(第3章参照).この面のことをすべり面という.すべり面と結晶表面との交線(トレース)をすべり線という.すべりは結晶の塑性変形の素過程であり,すべり面の決定は結晶塑性の分野では重要な操作である.**図 2-19**(Ⓣ図2-17)は単結晶を引張り変形した場合に表面に現れたすべり線のトレースの例である.**図 2-22(1)**(Ⓣ図2-18(a)(改訂))は円柱状の単結晶の引張り軸の方位を示す.この単結晶の円柱の周囲に2種類(①,②)のすべり線が観察された.それぞれの角度を**表 2-1**に示す.①,②の面を決定し,結果を001標準投影に書き直すと,**図 2-22(4)**(Ⓣ図2-18(b))のようになることを示せ.

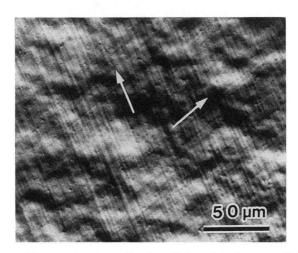

図 2-19(Ⓣ図2-17)　すべり線の実例(矢印で示す)(β-CuZn結晶).

［問題 2-14 の訂正］

　この問題は若干マニアックで間違いやすいので，Ⓣ図 2-18(a)を**図 2-22**
(1)のように変更する．すなわち，引張り軸を 180° 回転させる．

　また，**図 2-20** に示すように，観察系(すなわち，顕微鏡のレイアウト)を黒
色で表示し，観察対象の結晶の方位を赤で示すことにする．

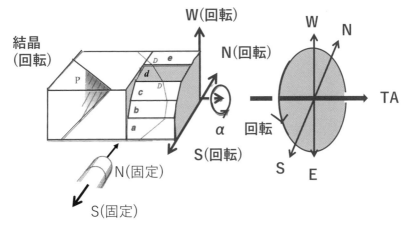

図 2-20(Ⓣ図 2-16(a)改訂)

解 答 2-14　**図2-22(1)**(Ⓣ図2-18(a)(改訂))中に，**図2-21**(Ⓣ図2-16)で示した
方法でトレースを書き込む(**図2-22(2)**).

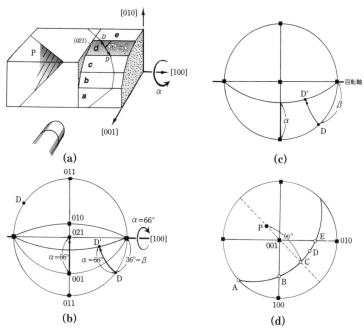

(a)

(c)

(b)

(d)

図2-21(Ⓣ図2-16)　円柱状の単結晶の多数の表面上でのトレースからの結晶内部の
決定.

表 2-1

$\alpha(°)$	$\beta(°)$		$\alpha(°)$	$\beta(°)$	
	①	②		①	②
0	−74	−52	90	−26	−82
10	−52	−52	100	−27	−90
20	−42	−53	110	−29	84
30	−37	−54	120	−31	n.d.
40	−32	−56	130	−37	n.d.
50	−29	−60	140	−43	n.d.
60	−27	−64	150	−52	n.d.
70	−26	−70	160	−68	n.d.
80	−26	−76	170	−86	n.d.

α, β については**図 2-21**（①図 2-16）(a)(c)を参照.

－ は右下がりを表す.

n.d.(not determined)は「決定できず」を意味する.

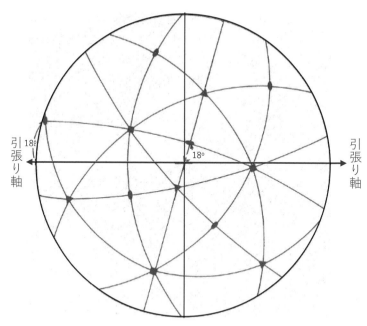

図 2-22 (1)（⑪図 2-18 (a)（改訂））　⑪図 2-18 (a)を 180° 回転している.

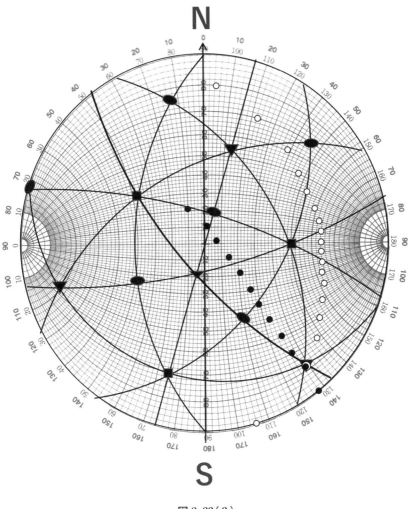

図 2-22(2)

これを 001 が中心になるように回転すると（**図 2-22(3)参照**），**図 2-22(4)**（①図 2-18(b)）が得られる．

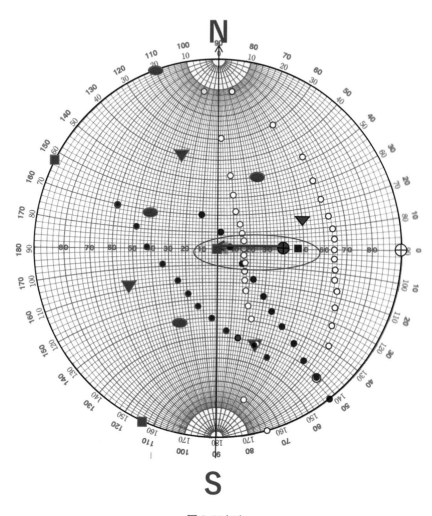

図 2-22(3)

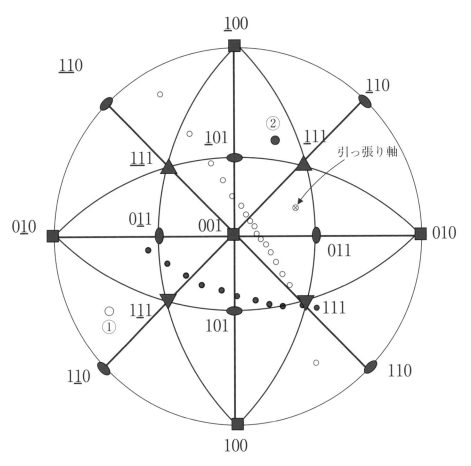

図 2-22(4)（⑦図 2-18(b)）

問 題 2-15   Ⓣ p. 40

　　図 **2-23**(Ⓣ図 2-20)に示す結晶の逆格子を描け．ただし，**b** は紙面に垂直と
する．

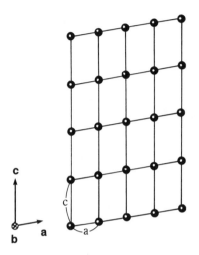

図 2-23(Ⓣ図 2-20)

解 答 2-15   簡単のために，**b** は紙面に垂直とする．まず，**図 2-24**(1)(a)におい
て赤で示す面(すなわち，**b** と **c** で張る面)のみに注目する．斜めに入っている
破線で示す面(すなわち，**a** と **b** で張る面)は無視する．この赤い面に垂直に引
いたベクトルが **b** と **c** で張る面の逆格子 **a*** である．その長さは面間隔の逆数
になる．ついで，**図 2-24**(1)(a)で無視してきた斜めに入っている面(すなわ
ち，**a** と **b** で張る面)に注目する(**図 2-24**(1)(b)で赤で示す)．この面に垂直
に引いたベクトルがこの面の逆格子 **c*** である．長さは面間隔の逆数である．

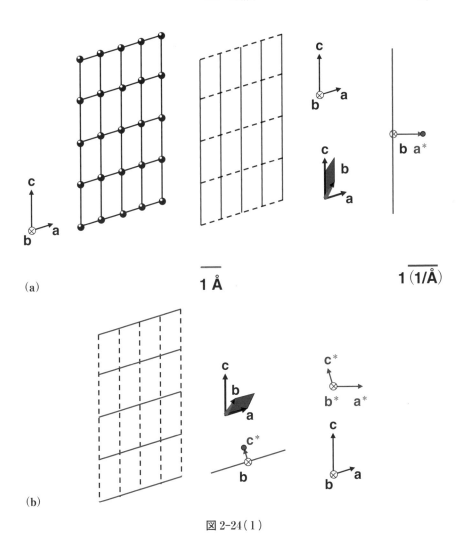

(a)

1 Å

1 (1/Å)

(b)

図 2-24 (1)

【注意】実格子の **a** と **c** が傾いていることに幻惑されないように.

問 題 2-16 Ⓣ p. 42

以下の（1），（2）式で定義された $\mathbf{g}^*_{hkl}$ が (hkl) 面に垂直で，長さが $\dfrac{1}{d_{hkl}}$ に

なることを証明せよ．

（ヒント）　**図 2-25**（Ⓣ図 2-23）参照．前半は $\left(\dfrac{\mathbf{b}}{k} - \dfrac{\mathbf{a}}{h}\right) \cdot \mathbf{g}^*_{hkl} = 0$ を証明すれば

よい．後半は $d_{hkl} = \mathbf{n}\dfrac{\mathbf{a}}{h}$（$\mathbf{n}$：$\mathbf{g}^*_{hkl}$ の単位ベクトル）の関係式を用いよ．

逆空間におけるベクトル $\mathbf{g}^*_{hkl}$ は，実空間格子の基本ベクトル（$\mathbf{a}$，$\mathbf{b}$，$\mathbf{c}$）とは異なる（$\mathbf{a}^*$，$\mathbf{b}^*$，$\mathbf{c}^*$）の座標系で表される．すなわち，

$$\mathbf{g}^*_{hkl} = h\mathbf{a}^* + k\mathbf{b}^* + l\mathbf{c}^* \tag{1}$$

（$\mathbf{a}^*$，$\mathbf{b}^*$，$\mathbf{c}^*$）を逆格子（reciprocal lattice）の基本ベクトルという．
ここで，

$$\mathbf{a}^* = \frac{[\mathbf{b} \times \mathbf{c}]}{V}, \quad \mathbf{b}^* = \frac{[\mathbf{c} \times \mathbf{a}]}{V}, \quad \mathbf{c}^* = \frac{[\mathbf{a} \times \mathbf{b}]}{V} \tag{2}$$

ただし，$V = (\mathbf{a} \cdot [\mathbf{b} \times \mathbf{c}])$ は単位胞の体積．

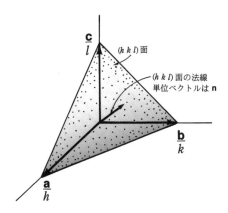

図 2-25（Ⓣ図 2-23）

解答 2-16　図 2-26 より,

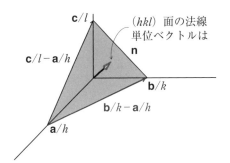
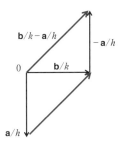

図 2-26

$$\left(\frac{\mathbf{b}}{k} - \frac{\mathbf{a}}{h}\right) \cdot \mathbf{g}_{hkl}^* = \left(\frac{\mathbf{b}}{k} - \frac{\mathbf{a}}{h}\right)(h\mathbf{a}^* + k\mathbf{b}^* + l\mathbf{c}^*)$$

$$= \frac{\mathbf{b}}{k}(h\mathbf{a}^* + k\mathbf{b}^* + l\mathbf{c}^*) - \frac{\mathbf{a}}{h}(h\mathbf{a}^* + k\mathbf{b}^* + l\mathbf{c}^*)$$

$$= \frac{h}{k}\mathbf{b}\mathbf{a}^* + \mathbf{b}\mathbf{b}^* + \frac{l}{k}\mathbf{b}\mathbf{c}^* - \mathbf{a}\mathbf{a}^* - \frac{k}{h}\mathbf{a}\mathbf{b}^* - \frac{l}{h}\mathbf{a}\mathbf{c}^* = 1 - 1 = 0$$

念のため, $\mathbf{c}/l - \mathbf{a}/h$ に対しても同様の計算を行うと,

$$\left(\frac{\mathbf{c}}{l} - \frac{\mathbf{a}}{h}\right) \cdot \mathbf{g}_{hkl}^* = \left(\frac{\mathbf{c}}{l} - \frac{\mathbf{a}}{h}\right)(h\mathbf{a}^* + k\mathbf{b}^* + l\mathbf{c}^*)$$

$$= \frac{\mathbf{c}}{l}(h\mathbf{a}^* + k\mathbf{b}^* + l\mathbf{c}^*) - \frac{\mathbf{a}}{h}(h\mathbf{a}^* + k\mathbf{b}^* + l\mathbf{c}^*)$$

$$= \frac{h}{l}\mathbf{c}\mathbf{a}^* + \frac{k}{l}\mathbf{c}\mathbf{b}^* + \mathbf{c}\mathbf{c}^* - \mathbf{a}\mathbf{a}^* - \frac{k}{h}\mathbf{a}\mathbf{b}^* - \frac{l}{h}\mathbf{a}\mathbf{c}^* = 1 - 1 = 0$$

つまり, $\mathbf{g}_{hkl}^*$ は (hkl) 面に垂直である. また, $d_{hkl} = \mathbf{n}\dfrac{\mathbf{a}}{h}$ ($\mathbf{n}$: $\mathbf{g}_{hkl}^*$ の単位ベクトル)より

$$d_{hkl} = \mathbf{n}\frac{\mathbf{a}}{h} = \frac{h\mathbf{a}^* + k\mathbf{b}^* + l\mathbf{c}^*}{|\mathbf{g}_{hkl}^*|}\frac{\mathbf{a}}{h} = \frac{1}{|\mathbf{g}_{hkl}^*|}$$

問 題 2-17　Ⓣ p. 42

第1章の問題1-4を逆格子を用いて証明せよ.

解 答 2-17　図 **2-27** に示す.

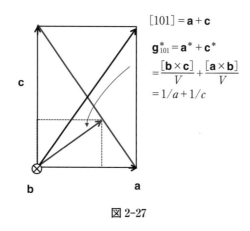

$$[101] = \mathbf{a} + \mathbf{c}$$

$$\mathbf{g}^*_{101} = \mathbf{a}^* + \mathbf{c}^*$$

$$= \frac{[\mathbf{b} \times \mathbf{c}]}{V} + \frac{[\mathbf{a} \times \mathbf{b}]}{V}$$

$$= 1/a + 1/c$$

図 2-27

問 題 2-18　Ⓣ p. 43

単純立方格子の逆格子は単純立方格子, 単純正方格子 $(a = b \neq c)$ の逆格子は単純正方格子, 六方格子の逆格子は六方格子であることを証明せよ.

解 答 2-18　図 **2-28** に示す.

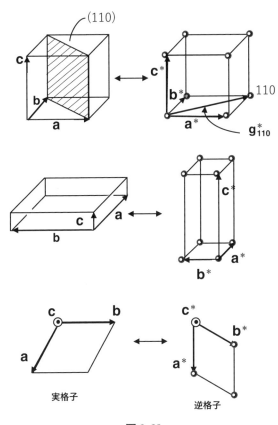

図 2-28

問題 2-19   ⊤ p. 43

⊤定理 2-7 を証明せよ.

⊤**定理** 2-7   FCC の逆格子は BCC であり, BCC の逆格子は FCC である.

（ヒント） FCC の単純単位格子は $\mathbf{a}=\dfrac{1}{2}[110]$, $\mathbf{b}=\dfrac{1}{2}[011]$, $\mathbf{c}=\dfrac{1}{2}[101]$ で, BCC の単純単位格子は $\mathbf{a}=\dfrac{1}{2}[11\bar{1}]$, $\mathbf{b}=\dfrac{1}{2}[\bar{1}11]$, $\mathbf{c}=\dfrac{1}{2}[1\bar{1}1]$ で表される（問題 1-1 参照）.

解答 2-19   FCC の逆格子は

$$\mathbf{a}^*=\frac{[\mathbf{b}\times\mathbf{c}]}{V}=\frac{\begin{vmatrix} u & v & w \\ 0 & 1 & 1 \\ 1 & 0 & 1 \end{vmatrix}}{4V}$$

$$=\frac{u\begin{vmatrix} 1 & 1 \\ 0 & 1 \end{vmatrix}-v\begin{vmatrix} 0 & 1 \\ 1 & 1 \end{vmatrix}+w\begin{vmatrix} 0 & 1 \\ 1 & 0 \end{vmatrix}}{4V}=\frac{1,1,-1}{4V}$$

$$\mathbf{b}^*=\frac{[\mathbf{c}\times\mathbf{a}]}{V}=\frac{\begin{vmatrix} u & v & w \\ 1 & 0 & 1 \\ 1 & 1 & 0 \end{vmatrix}}{4V}$$

$$=\frac{u\begin{vmatrix} 0 & 1 \\ 1 & 0 \end{vmatrix}-v\begin{vmatrix} 1 & 1 \\ 1 & 0 \end{vmatrix}+w\begin{vmatrix} 1 & 0 \\ 1 & 1 \end{vmatrix}}{4V}=\frac{-1,1,1}{4V}$$

$$\mathbf{c}^*=\frac{[\mathbf{a}\times\mathbf{b}]}{V}=\frac{\begin{vmatrix} u & v & w \\ 1 & 1 & 0 \\ 0 & 1 & 1 \end{vmatrix}}{4V}$$

$$=\frac{u\begin{vmatrix} 1 & 0 \\ 1 & 1 \end{vmatrix}-v\begin{vmatrix} 1 & 0 \\ 0 & 1 \end{vmatrix}+w\begin{vmatrix} 1 & 1 \\ 0 & 1 \end{vmatrix}}{4V}=\frac{1,-1,1}{4V}$$

これらに $2V$ を掛けて通分すれば, FCC の逆格子は, $\mathbf{a}^*=\dfrac{1}{2}[11\bar{1}]$, $\mathbf{b}^*=\dfrac{1}{2}[\bar{1}11]$, $\mathbf{c}^*=\dfrac{1}{2}[1\bar{1}1]$ となり, BCC の単純単位格子と一致する.

BCC の逆格子は

$$
\mathbf{a}^* = \frac{[\mathbf{b} \times \mathbf{c}]}{V} = \frac{\begin{vmatrix} u & v & w \\ -1 & 1 & 1 \\ 1 & -1 & 1 \end{vmatrix}}{4V}
$$

$$
= \frac{u\begin{vmatrix} 1 & 1 \\ -1 & 1 \end{vmatrix} - v\begin{vmatrix} -1 & 1 \\ 1 & 1 \end{vmatrix} + w\begin{vmatrix} -1 & 1 \\ 1 & -1 \end{vmatrix}}{4V} = \frac{2,2,0}{4V}
$$

$$
\mathbf{b}^* = \frac{[\mathbf{c} \times \mathbf{a}]}{V} = \frac{\begin{vmatrix} u & v & w \\ 1 & -1 & 1 \\ 1 & 1 & -1 \end{vmatrix}}{4V}
$$

$$
= \frac{u\begin{vmatrix} -1 & 1 \\ 1 & -1 \end{vmatrix} - v\begin{vmatrix} 1 & 1 \\ 1 & -1 \end{vmatrix} + w\begin{vmatrix} 1 & -1 \\ 1 & 1 \end{vmatrix}}{4V} = \frac{0,2,2}{4V}
$$

$$
\mathbf{c}^* = \frac{[\mathbf{a} \times \mathbf{b}]}{V} = \frac{\begin{vmatrix} u & v & w \\ 1 & 1 & -1 \\ -1 & 1 & 1 \end{vmatrix}}{4V}
$$

$$
= \frac{u\begin{vmatrix} 1 & -1 \\ 1 & 1 \end{vmatrix} - v\begin{vmatrix} 1 & -1 \\ -1 & 1 \end{vmatrix} + w\begin{vmatrix} 1 & 1 \\ -1 & 1 \end{vmatrix}}{4V} = \frac{2,0,2}{4V}
$$

これらに $2V$ を掛けて通分すれば，BCC の逆格子は，$\mathbf{a}^* = \frac{1}{2}[110]$, $\mathbf{b}^* = \frac{1}{2}[011]$, $\mathbf{c}^* = \frac{1}{2}[101]$ となり，FCC の単純単位格子と一致する．

問 題 2-20　Ⓣp.43

Ⓣ付録 F の各式を証明せよ.

Ⓣ付録 F　(hkl)面の面間隔.

結晶系		(hkl)面の面間隔 (d)
立方晶	$a=b=c$ $\alpha=\beta=\gamma=90°$	$\dfrac{1}{d^2}=\dfrac{1}{a^2}(h^2+k^2+l^2)$
正方晶	$a=b\neq c$ $\alpha=\beta=\gamma=90°$	$\dfrac{1}{d^2}=\dfrac{1}{a^2}(h^2+k^2)+\dfrac{1}{c^2}l^2$
斜方晶	$a\neq b\neq c$ $\alpha=\beta=\gamma=90°$	$\dfrac{1}{d^2}=\dfrac{1}{a^2}h^2+\dfrac{1}{b^2}k^2+\dfrac{1}{c^2}l^2$
六方晶	$a=b\neq c$ $\alpha=\beta=90°;\gamma=120°$	$\dfrac{1}{d^2}=\dfrac{4}{3a^2}(h^2+hk+k^2)+\dfrac{1}{c^2}l^2$
菱面体	$a=b=c$ $\alpha=\beta=\gamma<120°\neq90°$	$\dfrac{1}{d^2}=\dfrac{1}{a^2}\cdot\dfrac{(1+\cos\alpha)\{(h^2+k^2+l^2)-(1-\tan^2\frac{1}{2}\alpha)(hk+kl+lh)\}}{1+\cos\alpha-2\cos^2\alpha}$
単斜晶	$a\neq b\neq c$ $\alpha=\gamma=90°\neq\beta$	$\dfrac{1}{d^2}=\dfrac{1}{a^2}\dfrac{h^2}{\sin^2\beta}+\dfrac{1}{b^2}k^2+\dfrac{1}{c^2}\dfrac{l^2}{\sin^2\beta}-\dfrac{2hl\cos\beta}{ac\sin^2\beta}$
三斜晶	$a\neq b\neq c$ $\alpha\neq\beta\neq\gamma$	$\dfrac{1}{d^2}=\dfrac{1}{V^2}(s_{11}h^2+s_{22}k^2+s_{33}l^2+2s_{12}hk+2s_{23}kl+2s_{31}lh)$ $V^2=a^2b^2c^2(1-\cos^2\alpha-\cos^2\beta-\cos^2\gamma+2\cos\alpha\cos\beta\cos\gamma)$ $s_{11}=b^2c^2\sin^2\alpha$ $s_{22}=a^2c^2\sin^2\beta$ $s_{33}=a^2b^2\sin^2\gamma$ $s_{12}=abc^2(\cos\alpha\cos\beta-\cos\gamma)$ $s_{23}=a^2bc(\cos\beta\cos\gamma-\cos\alpha)$ $s_{31}=ab^2c(\cos\gamma\cos\alpha-\cos\beta)$

解 答 2-20

$$\frac{1}{d^2} = |\mathbf{g}^*|^2 = (h\mathbf{a}^* + k\mathbf{b}^* + l\mathbf{c}^*)^2$$

$$= (h\mathbf{a}^*)^2 + (k\mathbf{b}^*)^2 + (l\mathbf{c}^*)^2 + 2hk\mathbf{a}^*\mathbf{b}^* + 2lk\mathbf{c}^*\mathbf{b}^* + 2hl\mathbf{a}^*\mathbf{c}^*$$

ここでは，立方晶，正方晶，斜方晶のみを扱う．これらの結晶系では $\alpha = \beta = \gamma = 90°$ であるので，$\mathbf{a}^*\mathbf{b}^* = \mathbf{c}^*\mathbf{b}^* = \mathbf{a}^*\mathbf{c}^* = 0$ である．したがって，

$$\frac{1}{d^2} = (h\mathbf{a}^*)^2 + (k\mathbf{b}^*)^2 + (l\mathbf{c}^*)^2$$

立方晶の場合は，$a = b = c$ であるから $\mathbf{a}^* = \mathbf{b}^* = \mathbf{c}^* = 1/a$．

$$\therefore \quad \frac{1}{d^2} = \left(h\frac{1}{a}\right)^2 + \left(k\frac{1}{a}\right)^2 + \left(l\frac{1}{a}\right)^2 = \frac{h^2 + k^2 + l^2}{a^2}$$

正方晶の場合は，$a = b \neq c$ であるから $\mathbf{a}^* = \mathbf{b}^* = 1/a$．

$$\therefore \quad \frac{1}{d^2} = \left(h\frac{1}{a}\right)^2 + \left(k\frac{1}{a}\right)^2 + \left(l\frac{1}{c}\right)^2 = \frac{h^2 + k^2}{a^2} + \frac{l^2}{c^2}$$

斜方晶の場合は，$a \neq b \neq c$ であるから $\mathbf{a}^* = 1/a$，$\mathbf{b}^* = 1/b$，$\mathbf{c}^* = 1/c$．

$$\therefore \quad \frac{1}{d^2} = \left(h\frac{1}{a}\right)^2 + \left(k\frac{1}{b}\right)^2 + \left(l\frac{1}{c}\right)^2 = \frac{h^2}{a^2} + \frac{k^2}{b^2} + \frac{l^2}{c^2}$$

第3章

結晶中の転位

問 題 3-1　Ⓣp.50

　　Ⓣ定理 3-1 を**図 3-1(1)**(Ⓣ図 3-4)で ζ を逆転させてみて確かめよ.

また，余分の原子面が存在する方向は $\zeta \times \mathbf{b}$ で表されることを示せ.

Ⓣ**定理 3-1**　転位線の $\mathbf{b}$ を定義するためには，まず転位線の向き ζ を定義する必要

がある．転位線の向き ζ の決定の仕方は任意である．ただし，ζ の符号を逆転させ

ると $\mathbf{b}$ の符号も逆転する.

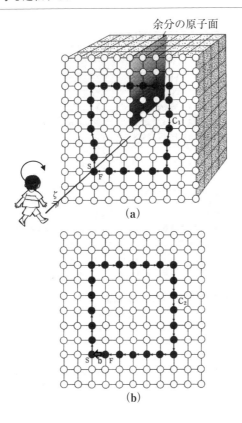

余分の原子面

(a)

(b)

図 3-1(1)(Ⓣ図 3-4)

解 答 3-1　**図 3-1(1)**（⊤図 3-4）で転位線の方向 **ζ** を逆転させると，**図 3-1(2)(a)** のようになる．FS/RH（Perfect）を適用してみると**図 3-1(2)(b)**となる．

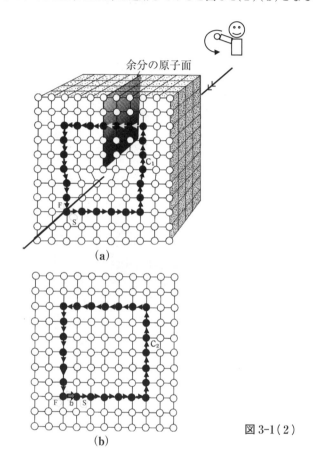

図 3-1(2)

　余分の原子面が存在する方向は**図 3-1(3)**に示すように，**図 3-1(1)**（⊤図 3-4），**図 3-1(2)**いずれの場合も上向きになる．

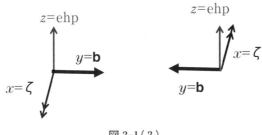

図 3-1(3)

問題 3-2 Ⓣ p. 50

Ⓣ定理 3-2 を証明せよ.

Ⓣ**定理 3-2** **b** と **ζ** との関係は,転位線の **ζ** の向きに沿って,すべった領域を右に見て,下の結晶を固定して上の結晶を **b** だけずらすことになる.

解答 3-2 ①らせん転位は,**図 3-2(1)**(Ⓣ図 3-5(改訂))と**図 3-2(2)**に示す.

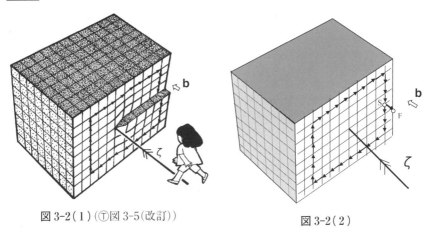

図 3-2(1)(Ⓣ図 3-5(改訂))   図 3-2(2)

②刃状転位は，**図 3-3(1)**（Ⓣ図 3-4）と**図 3-3(2)**に示す.

【解説】　この方法は厳密な FS/RH（Perfect）法を用いることなく簡単に **b** を決定できる便利な方法である.

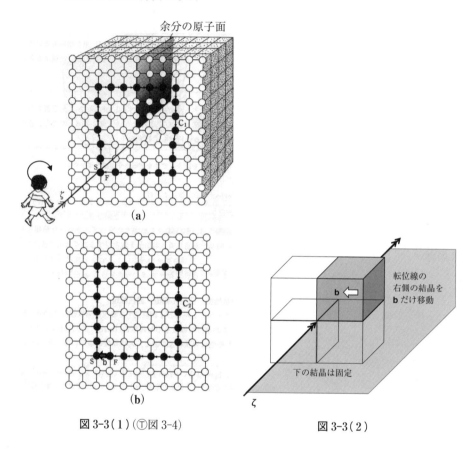

余分の原子面

(a)

(b)

図 3-3(1)（Ⓣ図 3-4）　　　　　図 3-3(2)

問 題 3-3　　Ⓣ p. 53

らせん転位で **b**・**ζ**＝b の場合には右巻き，**b**・**ζ**＝－b の場合には左巻きとなることを示せ.

（ヒント）　Ⓣ付録 G を用いよ.

解答ならびに注意 Ⓣ付録Gを用いて各自試みよ. またらせん転位の芯構造は非常に複雑なので, 慎重に取り扱うことが重要である.

問 題 3-4 Ⓣp. 53

図3-4(Ⓣ図3-9)(a)(b)に示す格子間原子型転位ループと空孔型転位ループのζとbの関係は, 図3-4(Ⓣ図3-9)(c)に示すようにbが上向きか下向きかのいずれかである. どちらが格子間原子型転位ループあるいは空孔型転位ループか決定せよ.

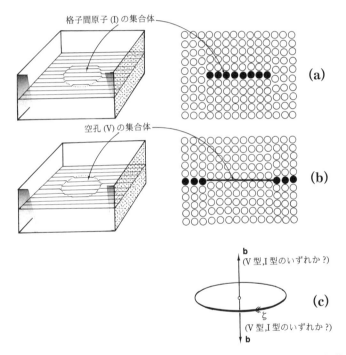

図3-4(Ⓣ図3-9) （a）格子間原子（Ⅰ）型転位ループ. （b）空孔（Ⅴ）型転位ループ. ●で示した原子面は刃状転位の余分の原子面. ζを（c）のようにとったとき, 格子間原子型および空孔型転位ループのバーガース・ベクトルbは上下いずれかの向きになる.

解　答 3-4

［格子間原子型］

　図 3-5(1)の(a)(a′)は，格子間原子型転位ループに対する FS/RH(Perfect)の適用の例である．ループの右側，左側ともに転位線の方向(ζ)が紙面に向かっている．これに FS/RH(Perfect)を適用すると，右側では **b** は下向き

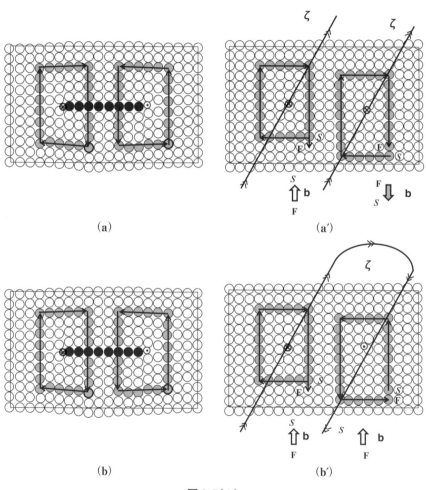

(a)　　　　　　　　　　　　　　　　(a′)

(b)　　　　　　　　　　　　　　　　(b′)

図 3-5(1)

に，左側では上向きになる．しかし，今は転位ループを扱っているので，**図
3-5(1)**の(**b**)(**b′**)に示すように，転位線の方向(**ζ**)は左側では紙面に向かっ
ているが，右側では紙面から飛び出している．つまり，右側では**ζ**が逆転して
いる．①定理 3-1(問題 3-1 参照)より，**b** も逆転する．すなわち，**b** は上向き
になる．ループ全体では **b** は上向きになる．

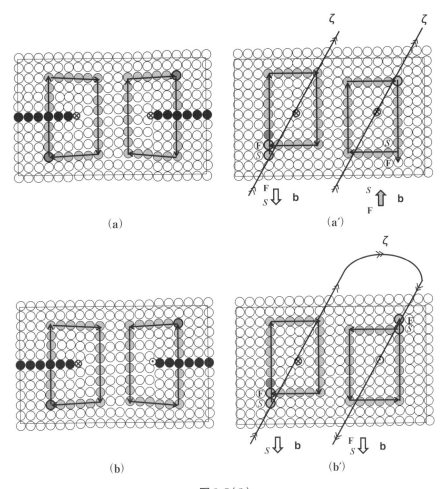

(a) (a′)

(b) (b′)

図 3-5(2)

［空孔型］

　同様の手順を踏むと(**図3-5(2)**の(**a**)(**a′**))，空孔型転位ループの場合，転位ループ全体としての**b**は下向きになることが分かる(**図3-5(2)**の(**b**)(**b′**))．

　結局，**ζ**と**b**との関係は，空孔型の場合は右ねじの関係であるのに対して格子間原子型の場合は左ねじの関係になる(**図3-6**)(⊤図3-9(c)(改訂))．

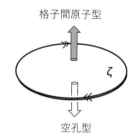

図3-6(⊤図3-9(c)(改訂))

問 題 3-5　⊤ p.54

　異符号の転位が合体すると消滅することをキルヒホッフの法則を用いて示せ．

解 答 3-5　**図3-7**に示す．

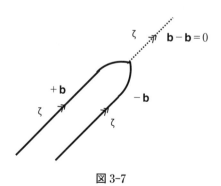

図3-7

問 題 3-6　Ⓣ p. 54

　刃状転位に点欠陥が集まると余分の原子面はどうなるか考察せよ.

解 答 3-6　余分の原子面の端部に格子間原子が集まると，余分の原子面は下に延び
る. 逆に，空孔が集まると上に昇る. このように余分の原子面が上下すること
を非保存運動あるいは上昇運動(climb motion)という. 上昇には，文字通り上
の方に移動する climb-up と下の方に移動する climb-down がある. **図 3-8(a)**
は climb-down，**図 3-8(b)**は climb-up である.

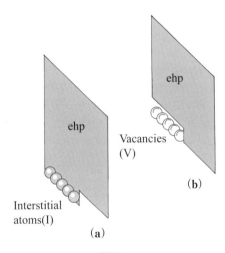

図 3-8

問 題 3-7　Ⓣ p. 54

　らせん転位と点欠陥が合体する場合には，つるまき転位（helical dislocation）となることを示せ．**図 3-9**（Ⓣ図 3-10）に，つるまき転位の例を示す．

　　右巻きのらせん転位＋空孔 ＝ 右巻きのつるまき転位，

　　左巻きのらせん転位＋空孔 ＝ 左巻きのつるまき転位，

　　右巻きのらせん転位＋格子間原子 ＝ 左巻きのつるまき転位，

　　左巻きのらせん転位＋格子間原子 ＝ 右巻きのつるまき転位

となることを示せ．

（ヒント）　**図 3-10(a)** に示すように，らせん転位が局所的に折れ曲がっていると考え，余分の原子面がすべり面の上下のどちらにあるかを考えよ．

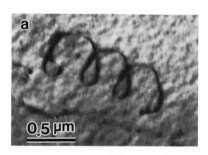

図 3-9（Ⓣ図 3-10）

解 答 3-7　「右巻きのらせん転位 ＋ 空孔 ＝ 右巻きのつるまき転位」について考察してみよう．

　右巻きのらせん転位であるから，問題 3-3 より明らかなように $\mathbf{b} \cdot \boldsymbol{\zeta} = b$. すなわち，$\boldsymbol{\zeta}$ と $\mathbf{b}$ は同じ方向を向いている（**図 3-10(a)**）．

　この際，たまたま局所的に折れ曲がった刃状成分の余分の原子面（ehp）は**図 3-10(b)** に示すようになる．

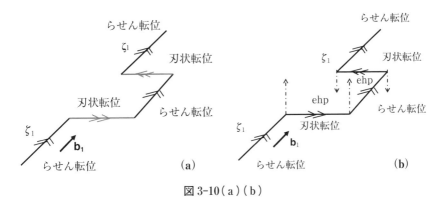

図 3-10（a）（b）

　この余分の原子面に空孔が集まると画面手前の刃状成分は上向きに上昇（climb-up）するのに対して後方の刃状成分は climb-down する（**図 3-10（b）**）．その結果，**図 3-10（c）** に示すように全体として右巻きのつるまき転位となる．

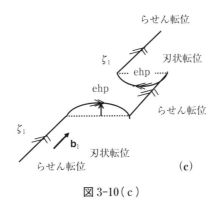

図 3-10（c）

　他の場合も同様に考察すればよい．

問題 3-8　Ⓣ p. 55

　　問題 3-7 で点欠陥の代わりに，問題 3-4 で考えた転位ループがらせん転位と相互作用すると考えても同じ結果が得られることを示せ（**図 3-11** 参照，ただし，$\mathbf{b}_1 = -\mathbf{b}_2$）．

解答 3-8　**図 3-11** に示すように，刃状成分の上または下に空孔型の転位ループが存在すると仮定しよう．転位ループが上に位置した場合には（$\boldsymbol{\zeta}_2$），$\boldsymbol{\zeta}_1$ と $\boldsymbol{\zeta}_2$ が反応すると $\mathbf{b}_1 + \mathbf{b}_2 = 2\mathbf{b}$ となり高いエネルギーの刃状成分となる（**図 3-11**）．これに対して，転位ループが下に位置した場合には（$\boldsymbol{\zeta}_2'$），$\boldsymbol{\zeta}_1$ と $\boldsymbol{\zeta}_2'$ が反応すると $\mathbf{b}_1 + \mathbf{b}_2 = 0$ となり，刃状成分は消滅する（**図 3-11**）．

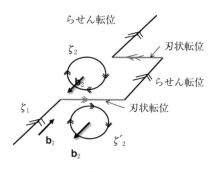

図 3-11

問題 3-9　Ⓣ p.64

（1）式においてすべりの方向を **AB** で表したが，実際の原子の運動は**図 3-12**（Ⓣ図 3-14）（b）に示すように **c→c** であり，これは $\frac{1}{2}[\bar{1}10]$ で表示される．（1）式をこのようなベクトルで表示せよ．

$$\mathbf{AB} = \mathbf{A\delta} + \mathbf{\delta B} \qquad (1)$$

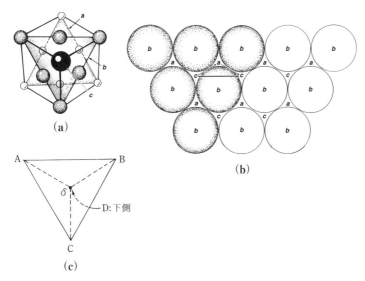

(a)

(b)

(c)

図 3-12（Ⓣ図 3-14）　FCC 結晶中の(111)面の積み重ね．**abc**…の順で(111)面が積層している．（b）の **b** 面の原子のうち，立体的に描いた原子は（a）で示した **b** 面の原子に対応している．（c）は対応するトンプソンの四面体．

解答 3-9　$\mathbf{AB} = \frac{1}{2}[\bar{1}10\rangle$ は 2 つのすべり面（c）($\bar{1}\bar{1}1$)と（d）(111)の晶帯軸に相当する．トンプソンの四面体より（c）面では **AB** = **Aγ** + **γB** と分解する．**Aγ**∥$[\bar{2}1\bar{1}\rangle$である．**γB**∥$[\bar{1}21\rangle$である．したがって，

$$\frac{1}{2}[\bar{1}10\rangle = \frac{1}{6}[\bar{2}1\bar{1}\rangle + \frac{1}{6}[\bar{1}21\rangle$$

と表示できる.

　同様に（d）面では **AB＝Aδ＋δB** と分解する. **Aδ** ∥ $[\bar{1}2\bar{1}\rangle$ である. **δB** ∥ $[\bar{2}11\rangle$ である. したがって,

$$\frac{1}{2}[\bar{1}10\rangle = \frac{1}{6}[\bar{1}2\bar{1}\rangle + \frac{1}{6}[\bar{2}11\rangle$$

と表示できる.

　このように, ベクトル表示よりトンプソンの表示の方がはるかに簡便で分かりやすい. 読者はトンプソンの表示に習熟することを強く推奨する.

第4章

結晶による電子線の回折

問 題 4-1 ⊤ p.77

⊤定理 4-1 を証明せよ.

> ⊤**定理 4-1** エワルド球がミラー指数 (hkl) の面の逆格子点 $\mathbf{g}^*_{hkl}$ を切る場合,
>
> $$\mathbf{K}(=\mathbf{k}'-\mathbf{k})=\mathbf{g}^*_{hkl}\equiv h\mathbf{a}^*+k\mathbf{b}^*+l\mathbf{c}^* \qquad (1)$$
>
> の関係を満足する.
>
> このとき,(hkl) 面はブラッグ(Bragg)の式
>
> $$2d\sin\theta=\lambda \qquad (2)$$
>
> を満足する.

解 答 4-1 **図** 4-1 より $\dfrac{\mathbf{g}^*_{hkl}}{2}=k'\sin\theta$. $\mathbf{g}^*_{hkl}=\dfrac{1}{d}$, $k=\dfrac{1}{\lambda}$ より $\dfrac{1}{2d}=\dfrac{\sin\theta}{\lambda}$.

$$\therefore\ 2d\sin\theta=\lambda$$

すなわち,ブラッグの式と一致する.

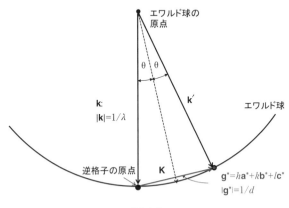

図 4-1

問 題 4-2　Ⓣ p.80

　　BCC を基本とした CsCl 型の規則合金や化合物（Ⓣ 1.4.2 項参照）では，$h+k+l=$ 奇数の場合でも，構造因子は 0 にならないことを証明せよ．

解 答 4-2　BCC 結晶の場合は，原点に位置する原子①と座標 1/2, 1/2, 1/2 に位置する原子②の原子散乱因子 f が等しい．すなわち，$f_① = f_②$．そのため，結果として構造因子は 0 となる（**図 4-2(a)**）．

　　CsCl 型の規則合金では，原点に位置する原子①と座標 1/2, 1/2, 1/2 に位置する原子②の原子散乱因子 f は等しくない．例えば，$f_① > f_②$．その結果，構造因子は 0 とはならない（**図 4-2(b)**）．

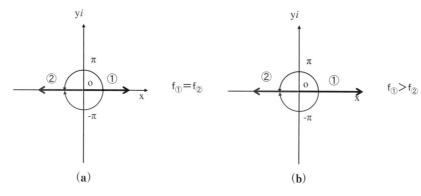

図 4-2

問題 4-3 Ⓣp. 80

BCC 構造に対して構造因子が 0 でない (hkl) 面の逆格子点 $\mathbf{g}^*_{hkl} = h\mathbf{a}^* + k\mathbf{b}^* + l\mathbf{c}^*$ を逆空間で描くと FCC となることを証明せよ.

解答 4-3 図 **4-3** を参照.

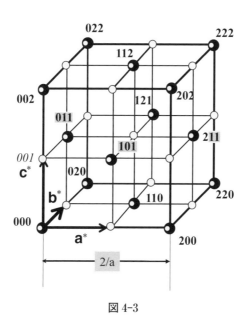

図 4-3

【解説】 これは,Ⓣ定理 2-7 と一致している(問題 2-19 参照).ただし,逆格子では格子の大きさが 2 倍となっていることに注意.

問 題 4-4 Ⓣ p. 80

FCC 構造に対して同様の操作をすると逆空間では BCC となることを証明せよ（問題 4-3，4-4 の結果は問題 2-19 の結果と一致する）．

解 答 4-4 **図 4-4** を参照．

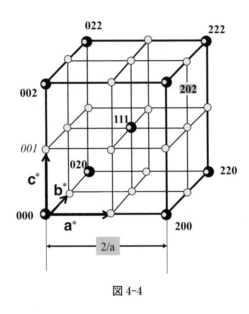

図 4-4

【解説】 これは，Ⓣ定理 2-7 と一致している．ただし，逆格子では格子の大きさが 2 倍となっていることに注意．

問 題 4-5　Ⓣ p.80

ダイヤモンド構造に対する構造因子 F_{diamond} は

$$F_{\mathrm{diamond}} = [1 + \exp\{2\pi i(h/4 + k/4 + l/4)\}]F_{\mathrm{FCC}}$$

で与えられることを示せ．ここで，F_{FCC} は FCC 構造の構造因子，つまり，ダイヤモンド構造は $0, 0, 0$ と $1/4, 1/4, 1/4$ に原点を置く 2 つの FCC 格子が重なったものとみなすことができる（Ⓣ 1.4.1 項参照）．

解 答 4-5

$$F(hkl) = \sum_{j=1}^{n} f_j \exp\{-2\pi i(hx_j + ky_j + lz_j)\}$$

に**表 4-1** のダイヤモンド原子の座標を代入すると，

$$
\begin{aligned}
F_{\mathrm{diamond}}(hkl) &= \sum_{j=1}^{n} f_j \exp\{-2\pi i(hx_j + ky_j + lz_j)\} \\
&= f\exp\{-2\pi i(h0 + k0 + l0)\} + f\exp\{-2\pi i(h0 + k/2 + l/2)\} \\
&\quad + f\exp\{-2\pi i(h/2 + k0 + l/2)\} + f\exp\{-2\pi i(h/2 + k/2 + l0)\} \\
&\quad + f\exp\{-2\pi i(h/4 + k/4 + l/4)\} + f\exp\{-2\pi i(h/4 + 3k/4 + 3l/4)\} \\
&\quad + f\exp\{-2\pi i(3h/4 + k/4 + 3l/4)\} + f\exp\{-2\pi i(3h/4 + 3k/4 + l/4)\}
\end{aligned}
$$

ここで，赤字で示した座標は $0, 0, 0$ を原点とした原子の座標である．また，黒字で示した座標は $1/4, 1/4, 1/4$ を原点とした原子の座標である（**図 4-5**）．したがって，

$$
\begin{aligned}
&f\exp\{-2\pi i(h0 + k0 + l0)\} + f\exp\{-2\pi i(h0 + k/2 + l/2)\} \\
&\quad + f\exp\{-2\pi i(h/2 + k0 + l/2)\} + f\exp\{-2\pi i(h/2 + k/2 + l0)\}
\end{aligned}
$$

は FCC の構造因子，F_{FCC} に他ならない．一方，

表 4-1

	000 を原点とする FCC 格子				1/4 1/4 1/4 を原点とする FCC 格子			
x	0	0	1/2	1/2	1/4	1/4	3/4	3/4
y	0	1/2	0	1/2	1/4	3/4	1/4	3/4
z	0	1/2	1/2	0	1/4	3/4	3/4	1/4

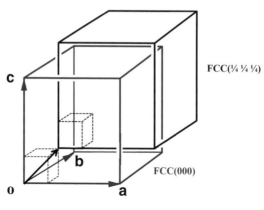

図 4-5

$$f \exp\{-2\pi i(h/4 + k/4 + l/4)\} + f \exp\{-2\pi i(h/4 + 3k/4 + 3l/4)\}$$
$$+ f \exp\{-2\pi i(3h/4 + k/4 + 3l/4)\} + f \exp\{-2\pi i(3h/4 + 3k/4 + l/4)\}$$

$$= f \exp\left\{-2\pi i\left(h\left(0 + \frac{1}{4}\right) + k\left(0 + \frac{1}{4}\right) + l\left(0 + \frac{1}{4}\right)\right)\right\}$$

$$+ f \exp\left\{-2\pi i\left(h\left(0 + \frac{1}{4}\right) + k\left(\frac{1}{2} + \frac{1}{4}\right) + l\left(\frac{1}{2} + \frac{1}{4}\right)\right)\right\}$$

$$+ f \exp\left\{-2\pi i\left(h\left(\frac{1}{2} + \frac{1}{4}\right) + k\left(0 + \frac{1}{4}\right) + l\left(\frac{1}{2} + \frac{1}{4}\right)\right\}$$

$$+ f \exp\left\{-2\pi i\left(h\left(\frac{1}{2} + \frac{1}{4}\right) + k\left(\frac{1}{2} + \frac{1}{4}\right) + l\left(0 + \frac{1}{4}\right)\right)\right\}$$

$$= \exp\left\{-2\pi i\left(\frac{1}{4}h + \frac{1}{4}k + \frac{1}{4}l\right)\right\}$$

$$\times f\left[\exp\{-2\pi i(h0 + k0 + l0)\} + \exp\{-2\pi i(h0 + k/2 + l/2)\}\right.$$
$$+ \exp\{-2\pi i(h/2 + k0 + l/2)\} + \exp\{-2\pi i(h/2 + k/2 + l0)\}]$$

$$= \left\{-\exp 2\pi i\left(\frac{1}{4}h + \frac{1}{4}k + \frac{1}{4}l\right)\right\} \times F_{\mathrm{FCC}}$$

$$\because \ f \exp\{-2\pi i(h0 + k0 + l0)\} + f \exp\{-2\pi i(h0 + k/2 + l/2)\}$$
$$+ f \exp\{-2\pi i(h/2 + k0 + l/2)\} + f \exp\{-2\pi i(h/2 + k/2 + l0)\} = F_{\mathrm{FCC}}$$

結局 F_{diamond} は

$$F_{\mathrm{diamond}} = F_{\mathrm{FCC}}\left\{1 - \exp 2\pi i\left(\frac{1}{4}h + \frac{1}{4}k + \frac{1}{4}l\right)\right\}$$

となる.

問 題 4-6 ⊤ p. 80

NaCl 構造に対する構造因子を求めよ（⊤ 1.4.2 項参照）.

解 答 4-6 問題 4-5 および ⊤ 1.4.2 項を参考にすれば,

$$F_{NaCl} = F_{Na+} + \exp\{2\pi i(h/2 + k/2 + l/2)\}F_{Cl-}$$

となることは明らかであろう.

問 題 4-7 ⊤ p. 80

Cu の格子定数は 0.362 nm である. 一方, Cu 特性 X 線（$K\alpha$）の波長は 0.154 nm である. ［100］方向から入射した場合についてエワルド球を描け.

解 答 4-7 **図 4-6** を参照.

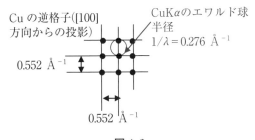

図 4-6

問 題 4-8 　Ⓣ p. 80

200 kV の電子線の波長は 0.0025 nm である．問題 4-7 と同様のことを行え．

[訂正]　現在，広く用いられている加速電圧 200 kV に変更した．また，加速電圧 100 kV および 1000 kV も追加した．

解 答 4-8 　図 4-7 を参照．

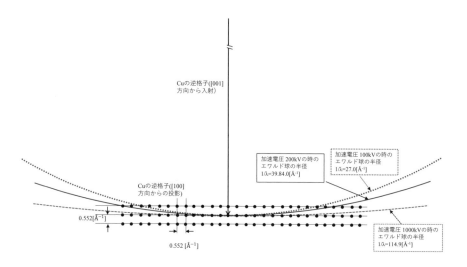

図 4-7

問 題 4-9 　Ⓣ p. 86

（1）式を導出せよ．

$$\phi_{\mathrm{g}} = F \sum_{u=0}^{N_{\mathrm{a}}-1} \exp\{-2\pi i s_x u\} \sum_{v=0}^{N_{\mathrm{b}}-1} \exp\{-2\pi i s_y v\} \sum_{w=0}^{N_{\mathrm{c}}-1} \exp\{-2\pi i s_z w\}$$
$$= F \exp[-\pi i \{(N_{\mathrm{a}}-1)s_x + (N_{\mathrm{b}}-1)s_y + (N_{\mathrm{c}}-1)s_z\}]$$
$$\times \frac{\sin \pi N_{\mathrm{a}} s_x}{\sin \pi s_x} \times \frac{\sin \pi N_{\mathrm{b}} s_y}{\sin \pi s_y} \times \frac{\sin \pi N_{\mathrm{c}} s_z}{\sin \pi s_z} \tag{1}$$

解 答 4-9 　3 個の等比級数の掛け算なので x-成分だけを記す．

$$\sum_{u=0}^{N_a-1} \exp(-2\pi i s_x u) = \frac{1-\exp(-2\pi i N_a s_x)}{1-\exp(-2\pi i s_x)}$$

$$= \frac{\exp(-\pi i N_a s_x)\{\exp(\pi i N_a s_x)-\exp(-\pi i N_a s_x)\}}{\exp(-\pi i s_x)\{\exp(\pi i s_x)-\exp(-\pi i s_x)\}}$$

$$= \frac{\exp(-\pi i N_a s_x) 2i \sin \pi N_a s_x}{\exp(-\pi i s_x) 2i \sin \pi s_x}$$

$$= \frac{\exp\{-\pi i (N_a-1) s_x\} \sin \pi N_a s_x}{\sin \pi s_x}$$

第5章

電子顕微鏡

問 題 5-1　Ⓣ p. 91

　　図 5-1（1）（Ⓣ図 5-5）（a）の指数付けを行い，カメラ定数（λL）を求めよ．

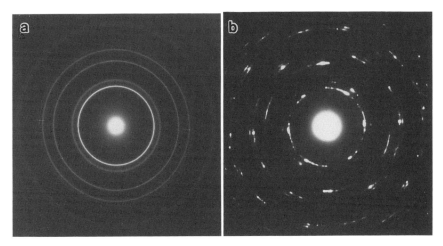

図 5-1（1）（Ⓣ図 5-5）　（a）方位が完全にランダムな結晶からなる Al 多結晶からの
デバイ・リングの例．（b）方位が完全にはランダムではな
く，優先方位をもつ多結晶からのデバイ・リングの例．

解 答 5-1　**図 5-1(2)** と**表 5-1** を参照.

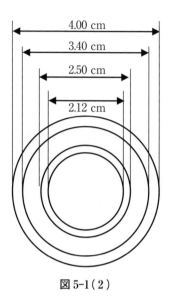

図 5-1(2)

表 5-1

	hkl	$d = \dfrac{a}{\sqrt{h^2 + k^2 + l^2}}$	$2R$ (cm)	Rd (cm·Å)
#1	111	2.337 Å	2.12	2.477
#2	200	2.0245 Å	2.50	2.530
#3	220	1.431 Å	3.40	2.432
#4	311	1.221 Å	4.00	2.442

平均 Rd =2.47 cm·Å

ただし，Al に対しては a =4.049 Å の値を用いた.

問題 5-2　Ⓣ p. 93

　FCC構造の単結晶に[001]および[011]方向から電子線が入射した場合の回折図形を描け.

解答 5-2　回折図形は逆格子を電子線の入射方向に垂直な面で切ったものであるから, 入射方向を中心とした標準投影において, 周辺の面が回折に関与する.

[[001]入射]

　この場合の001標準投影は**図5-2(1)**のようになる. まず, (100)面と(010)面について考えると, FCC結晶の場合, その逆格子はすべて偶数または奇数に限定されるので200と020に対応する. この2つの逆格子ベクトルを加算すると200＋020＝220が求まる. 同様の操作を行えば求める回折図形が得られる(**図5-2(2)**の(a)(b)参照).

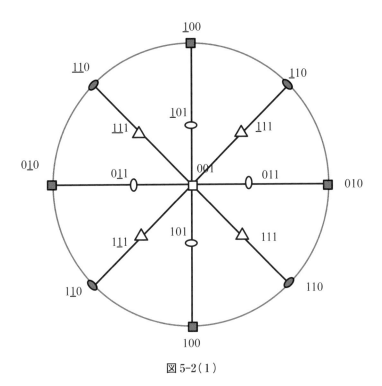

図 5-2(1)

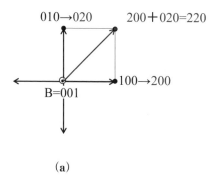

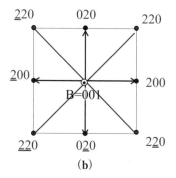

(a)　　　　　　　　　　　　　(b)

図 5-2（2）

[[011]入射]

この場合は，$\bar{1}1\bar{1}$ および $11\bar{1}$ は FCC の逆格子の条件を満たしているが，$\bar{1}00$ および $01\bar{1}$ は満たしていないので，**図 5-2(3)** のようになる．

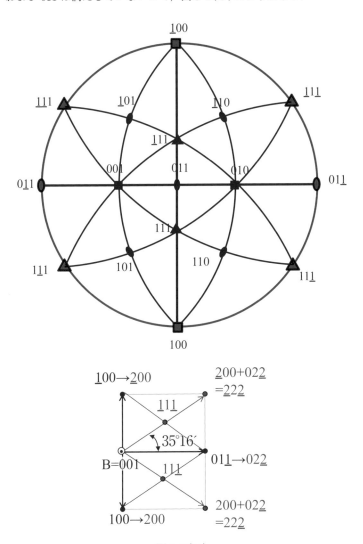

図 5-2(3)

【例題】　図 5-4(Ⓣ図 5-8)の解説

> 図 5-3(Ⓣ図 5-7)に示すような回折図形において適当な 3 つの逆格子ベクトルが
> $$\mathbf{g}_3^* = \mathbf{g}_1^* + \mathbf{g}_2^* \tag{1}$$
> すなわち,
> $$[h_3\,k_3\,l_3] = [h_1\,k_1\,l_1] + [h_2\,k_2\,l_2] \tag{2}$$
> を満足するように, 試行錯誤で指数付けを行う. この場合, (hkl) 面の構造因子が
> 0 にならないことが必要であることは言うまでもない.

---

　(2)式を満足するような解は 1 通りではない. つまり単結晶の指数付けは一義的
ではない.

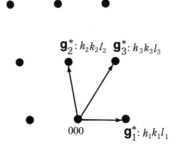

図 5-3(Ⓣ図 5-7)　単結晶からの回折斑点の指数付けの例. 3 つの回折斑点 $[h_1\,k_1\,l_1]$,
　　　　　　　　$[h_2\,k_2\,l_2]$, $[h_3\,k_3\,l_3]$ は $[h_3\,k_3\,l_3] = [h_1\,k_1\,l_1] + [h_2\,k_2\,l_2]$ の関係
　　　　　　　　を満たす. また, 原点から $[h_i\,k_i\,l_i]$ 斑点まで引いたベクトルと
　　　　　　　　$[h_j\,k_j\,l_j]$ 斑点まで引いたベクトルがなす角度, $[h_i\,k_i\,l_i]{}^{\wedge}[h_j\,k_j\,l_j]$
　　　　　　　　は, 実空間での $(h_i\,k_i\,l_i)$ 面と $(h_j\,k_j\,l_j)$ 面の法線がなす角度に等し
　　　　　　　　い.

問題 5-3　Ⓣ p. 95

　　以下の場合, $[h_1\,k_1\,l_1]$, $[h_2\,k_2\,l_2]$, $[h_3\,k_3\,l_3]$ 間の角度を測定し, それが計
算値((3)式またはⓉ付録 D 参照)と一致することを確かめよ.

h_1, k_1, l_1 と h_2, k_2, l_2 間の角度 θ は（3）式で表される.

$$\cos\theta = \frac{h_1 h_2 + k_1 k_2 + l_1 l_2}{(h_1{}^2 + k_1{}^2 + l_1{}^2)^{1/2}(h_2{}^2 + k_2{}^2 + l_2{}^2)^{1/2}} \tag{3}$$

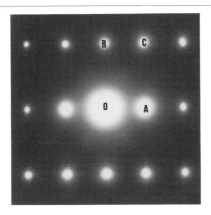

図 5-4（Ⓣ図 5-8）

解 答 5-3

図 5-4（例題Ⓣ図 5-8）の指数付けの例を示すと**図 5-5** のようになる.

（3）式より 110 と 311 がなす角度 θ を求めると,

$$\cos\theta = \frac{1\times3 + 1\times1 + 0\times1}{(1+1+0)^{1/2}(3^2+1+1)^{1/2}} = \frac{4}{\sqrt{2}\sqrt{11}} = \frac{2}{2.345} = 0.853$$

$$\theta = 31.5°$$

となる（**図 5-5**）.

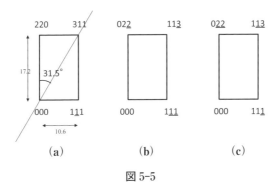

図 5-5

問 題 5-4　Ⓣ p. 96

　　図 5-4(Ⓣ図 5-8)の電子回折図形より電子線の入射方向 **B** を求めよ.

解 答 5-4

　　(a)において，$1\bar{1}1$ と 311 から求めると

$$\mathbf{B} = u\mathbf{a} + v\mathbf{b} + w\mathbf{c}$$

$$= \begin{vmatrix} \mathbf{a} & \mathbf{b} & \mathbf{c} \\ 1 & -1 & 1 \\ 3 & 1 & 1 \end{vmatrix} = \mathbf{a}\begin{vmatrix} -1 & 1 \\ 1 & 1 \end{vmatrix} - \mathbf{b}\begin{vmatrix} 1 & 1 \\ 3 & 1 \end{vmatrix} + \mathbf{c}\begin{vmatrix} 1 & -1 \\ 3 & 1 \end{vmatrix}$$

$$= -2\mathbf{a} + 2\mathbf{b} + 4\mathbf{c} = -2, 2, 4 \tag{1}$$

すなわち，$\mathbf{B} = \bar{1}12$

　　(a)において，$1\bar{1}1$ と 220 から求めると

$$\mathbf{B} = u\mathbf{a} + v\mathbf{b} + w\mathbf{c}$$

$$= \begin{vmatrix} \mathbf{a} & \mathbf{b} & \mathbf{c} \\ 1 & -1 & 1 \\ 2 & 2 & 0 \end{vmatrix} = \mathbf{a}\begin{vmatrix} -1 & 1 \\ 2 & 0 \end{vmatrix} - \mathbf{b}\begin{vmatrix} 1 & 1 \\ 2 & 0 \end{vmatrix} + \mathbf{c}\begin{vmatrix} 1 & -1 \\ 2 & 2 \end{vmatrix}$$

$$= -2\mathbf{a} + 2\mathbf{b} + 4\mathbf{c} = -2, 2, 4 \tag{2}$$

すなわち，$\mathbf{B} = \bar{1}12$

　　(b)において，$1\bar{1}\bar{1}$ と $11\bar{3}$ から求めると

$$\mathbf{B} = u\mathbf{a} + v\mathbf{b} + w\mathbf{c}$$

$$= \begin{vmatrix} \mathbf{a} & \mathbf{b} & \mathbf{c} \\ 1 & -1 & -1 \\ 1 & 1 & -3 \end{vmatrix} = \mathbf{a}\begin{vmatrix} -1 & -1 \\ 1 & -3 \end{vmatrix} - \mathbf{b}\begin{vmatrix} 1 & -1 \\ 1 & -3 \end{vmatrix} + \mathbf{c}\begin{vmatrix} 1 & -1 \\ 1 & 1 \end{vmatrix}$$

$$= 4\mathbf{a} + 2\mathbf{b} + 2\mathbf{c} = 4, 2, 2 \tag{3}$$

すなわち，$\mathbf{B} = 211$

　　(b)において，$1\bar{1}\bar{1}$ と $02\bar{2}$ から求めると

$$\mathbf{B} = u\mathbf{a} + v\mathbf{b} + w\mathbf{c}$$

$$= \begin{vmatrix} \mathbf{a} & \mathbf{b} & \mathbf{c} \\ 1 & -1 & -1 \\ 0 & 2 & -2 \end{vmatrix} = \mathbf{a}\begin{vmatrix} -1 & -1 \\ 2 & -2 \end{vmatrix} - \mathbf{b}\begin{vmatrix} 1 & -1 \\ 0 & -2 \end{vmatrix} + \mathbf{c}\begin{vmatrix} 1 & -1 \\ 0 & 2 \end{vmatrix}$$

$$= 4\mathbf{a} + 2\mathbf{b} + 2\mathbf{c} = 4, 2, 2 \tag{4}$$

すなわち，$\mathbf{B} = 211$

（c）において，$11\bar{1}$ と $1\bar{1}3$ から求めると

$$\mathbf{B} = u\mathbf{a} + v\mathbf{b} + w\mathbf{c}$$

$$= \begin{vmatrix} \mathbf{a} & \mathbf{b} & \mathbf{c} \\ 1 & 1 & -1 \\ 1 & -1 & -3 \end{vmatrix} = \mathbf{a}\begin{vmatrix} 1 & -1 \\ -1 & -3 \end{vmatrix} - \mathbf{b}\begin{vmatrix} 1 & -1 \\ 1 & -3 \end{vmatrix} + \mathbf{c}\begin{vmatrix} 1 & 1 \\ 1 & -1 \end{vmatrix}$$

$$= -4\mathbf{a} + 2\mathbf{b} - 2\mathbf{c} = -4, 2, -2 \tag{5}$$

すなわち，$\mathbf{B} = \bar{2}1\bar{1}$

（c）において，$11\bar{1}$ と $0\bar{2}\bar{2}$ から求めると

$$\mathbf{B} = u\mathbf{a} + v\mathbf{b} + w\mathbf{c}$$

$$= \begin{vmatrix} \mathbf{a} & \mathbf{b} & \mathbf{c} \\ 1 & 1 & -1 \\ 0 & -2 & -2 \end{vmatrix} = \mathbf{a}\begin{vmatrix} 1 & -1 \\ -2 & -2 \end{vmatrix} - \mathbf{b}\begin{vmatrix} 1 & -1 \\ 0 & -2 \end{vmatrix} + \mathbf{c}\begin{vmatrix} 1 & 1 \\ 0 & -2 \end{vmatrix}$$

$$= -4\mathbf{a} + 2\mathbf{b} - 2\mathbf{c} = -4, 2, -2 \tag{6}$$

すなわち，$\mathbf{B} = \bar{2}1\bar{1}$

問 題 5-5　Ⓣ p. 103

　　Ⓣ定理 5-2 を証明せよ．（ヒント）　**図 5-6(a)**（Ⓣ図 5-4)を参照．

Ⓣ**定理 5-2**

①白黒対の間隔は $\mathbf{g}^{*}_{hkl}$ に等しい．

②白黒対の中心線は実空間の (hkl) 面が投影されたものとみなすことができる．

解 答 5-5　菊池線の白黒対間の角度は 2θ である（**図 5-6（ b ）**）（Ⓣ図 5-13（ b ））．**図 5-6（ a ）**（Ⓣ図 5-4）より，白黒対の間隔 $\mathbf{g}^{*}_{hkl}$ であることは明らか．また，白黒対はそれぞれが (hkl) 面または $(\bar{h}\bar{k}\bar{l})$ 面で θ だけ反射されたものであるから，反射に関与した面，すなわち，(hkl) 面は白黒対の中央に位置する．

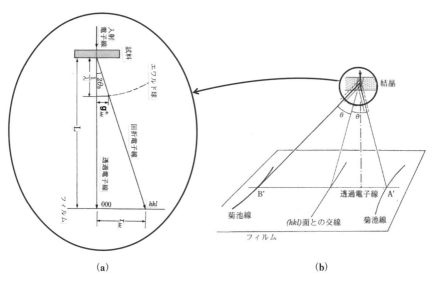

（a）

（b）

図 5-6（ a ）（Ⓣ図 5-4）
逆格子とエワルド球と
回折斑点の位置関係.

図 5-6（ b ）（Ⓣ図 5-13（ b ））
菊池線の発生機構.

問 題 5-6　Ⓣ p. 104

　図 5-7（Ⓣ図 5-12）（b）の指数付けを行え．菊池線が交差している極点，A，B の方向を決定し，A，B 間の角度を求めよ．ただし **g*** は 002 である．

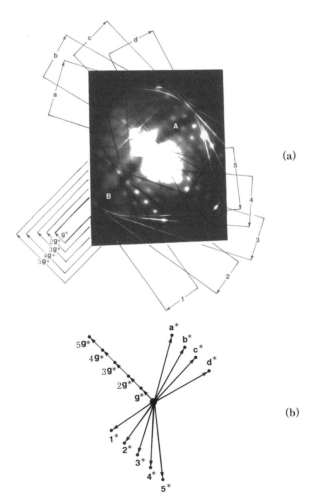

(a)

(b)

図 5-7（Ⓣ図 5-12）　菊池線の指数付けの例．（a）の **1** から **5**，**a** から **d** および **g***，2**g***，3**g***，4**g***，5**g*** の菊池線から（b）に示す回折図形が得られる．試料は Cu（FCC）．

解答 5-6 Ⓣ定理 5-2（問題 5-5 参照）に従って，**図 5-8（1）（a）**の菊池線から，**（b）**に示す回折図形を得る．この回折図形の指数付けは容易であろう．

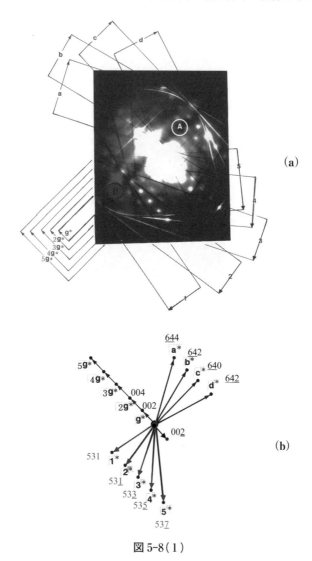

（a）

（b）

図 5-8（1）

これより **A** の方向は

$$\begin{vmatrix} u & v & w \\ -6 & -4 & 4 \\ 0 & 0 & 2 \end{vmatrix} = u\begin{vmatrix} -4 & 4 \\ 0 & 2 \end{vmatrix} - v\begin{vmatrix} -6 & 4 \\ 0 & 2 \end{vmatrix} + w\begin{vmatrix} -6 & -4 \\ 0 & 0 \end{vmatrix} = -8u, 12v, 0w$$

すなわち，$\overline{2}30$ となる．同様に，**B** の方向は

$$\begin{vmatrix} u & v & w \\ 0 & 0 & 2 \\ 5 & 3 & 1 \end{vmatrix} = u\begin{vmatrix} 0 & 2 \\ 3 & 1 \end{vmatrix} - v\begin{vmatrix} 0 & 2 \\ 5 & 1 \end{vmatrix} + w\begin{vmatrix} 0 & 0 \\ 5 & 3 \end{vmatrix} = -6u, 10v, 0w$$

すなわち，$\overline{3}50$ となる．

A, B 間の角度 $\widehat{\mathrm{AB}}$ は問題 5-3 の（3）式より

$$\cos\widehat{\mathrm{AB}} = \frac{(-2)\times(-3)+3\times5+0}{((-2)^2+3^2+0)^{1/2}((-3)^2+5^2+0)^{1/2}}$$

$$= \frac{21}{\sqrt{13\times34}} = \frac{21}{21.0237} = 0.99887$$

$$\widehat{\mathrm{AB}} = 2.73°$$

となる．

【解説】 極点 **B** のまわりの回折図形は別の指数付けも可能である．一例を**図 5-8（2）**に示す．

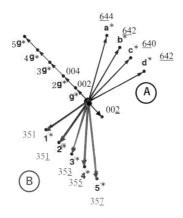

図 5-8（2）

　　この場合 **B** の方向は

$$\begin{vmatrix} u & v & w \\ 0 & 0 & 2 \\ 3 & 5 & 1 \end{vmatrix} = u\begin{vmatrix} 0 & 2 \\ 5 & 1 \end{vmatrix} - v\begin{vmatrix} 0 & 2 \\ 3 & 1 \end{vmatrix} + w\begin{vmatrix} 0 & 0 \\ 3 & 5 \end{vmatrix} = -10u, 6v, 0w$$

すなわち，$\overline{5}30$ となる.

　　A, B 間の角度 $\widehat{AB}$ は問題 5-3 の (3) 式より

$$\cos\widehat{AB} = \frac{(-2)\times(-5) + 3\times3 + 0}{((-2)^2 + 3^2 + 0)^{1/2}((-5)^2 + 3^2 + 0)^{1/2}}$$

$$= \frac{10 + 9}{\sqrt{13\times34}} = \frac{19}{21.0237} = 0.90374$$

すなわち，$\widehat{AB} = 25.34°$ となり，不自然である.

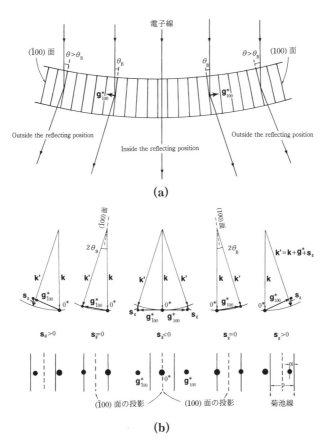

図 5-9（Ⓣ図 5-14）　湾曲した単結晶，エワルド球，逆格子点，励起誤差 $\mathbf{s}_g$，回折斑点 $\mathbf{g}^*_{hkl}$，菊池線の関係（Ⓣ p.134 の【注意】参照）.

問 題 5-7　Ⓣ p.105

　図 5-9（Ⓣ図 5-14）とは逆に薄膜結晶が上に凸に湾曲している場合について同様の考察を行え.

解答 5-7　**図5-10**に示すように，電子線がフィルムに到達する地点では下に凸の場合(**図5-9**)(⊤図5-14)と同様である.

【解説】　湾曲した薄膜試料の中央部では試料が上に湾曲していようが，下に湾曲していようが，電子線は対称入射であり，逆格子点は常にエワルド球の外側にあり，$s_g < 0$ である. すなわち，タケノコの内側は $s_g < 0$ であり，コントラストは黒い.

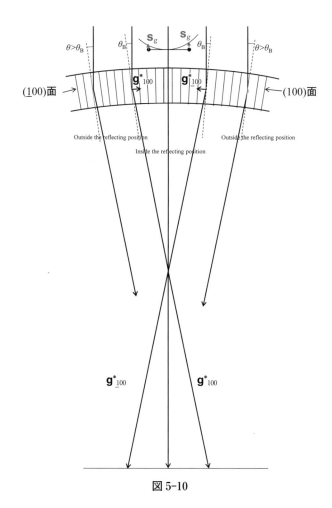

図 5-10

問 題 5-8　Ⓣ p. 107

以下の（1）式を導け（**図 5-9（b）**）（Ⓣ図 5-14（b））（問題 5-7 参照）.

$$|\mathbf{s}_g| = \frac{\lambda x}{(d_{hkl}^{\;2} p)} \tag{1}$$

解 答 5-8　**図 5-11** より

$$\mathbf{g} = \frac{2\theta}{\lambda},$$

$$\mathbf{s} = \mathbf{g}\alpha = \mathbf{g}\frac{2\theta x}{p} = \frac{2\theta}{\lambda} \cdot \frac{2\theta x}{p}$$

$$= \frac{1}{\lambda}(2\theta)^2 \frac{x}{p} = \frac{1}{\lambda}(\mathbf{g}\lambda)^2 \frac{x}{p} = \mathbf{g}^2\lambda \cdot \frac{x}{p} = \frac{\lambda x}{d^2 p}$$

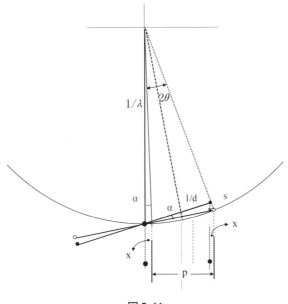

図 5-11

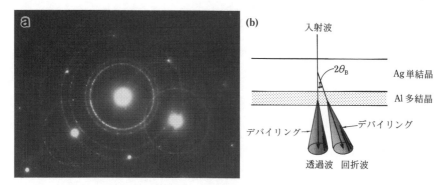

図5-12(Ⓣ図5-9)　2重反射の例．(a)Agでブラッグ回折した回折波がAl多結晶で
　　　　　　あたかも入射波のように振る舞うため，Ag単結晶の回折斑点を
　　　　　　中心にしてAlのデバイ・リングが現れている．(b)Ag単結晶
　　　　　　の上にAlの多結晶が蒸着されている．

問題 5-9　Ⓣ p.108

　　図5-13(Ⓣ図5-18)(b)において○で示した回折斑点は2重回折による禁制
斑点であることを確かめよ．

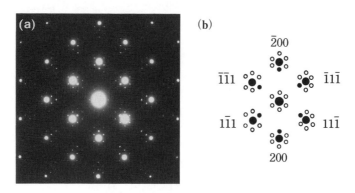

図5-13(Ⓣ図5-18)　(a)Al中に埋め込まれたPbからの電子回折図形．**B**∥[011]．
　　　　　　(b)はそれを指数付けしたもの(key diagram)．●がAlからの
　　　　　　回折斑点，●がPbからの回折斑点．○は多重反射による禁制斑
　　　　　　点．

解答 5-9 **図5-14(a)**は多重回折を起こしていない回折図形である．$\bar{1}1\bar{1}$ 反射が2重回折を起こすと赤で示す回折図形が重なり，$1\bar{1}1$ 反射が2重回折を起こすと薄い灰色で示す回折図形が重なる（**図5-14(b)**）．200，$\bar{2}$00，$\bar{1}\bar{1}1$，$11\bar{1}$ が2重回折を起こすと，000 斑点のまわりには合計個の Pb の衛星斑点が現れる（**図5-13**（①図5-18），**図5-14(b)**）．

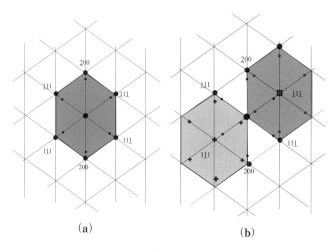

(a)　　　　　　　(b)

図 5-14

問 題 5-10　Ⓣ p. 111

　　図 5-15(Ⓣ図 5-19)で示した例では

$$(\bar{1}10)_{Fe} /\!/ (1\bar{2}1)_{Cu}$$

という関係も成立することを示せ.

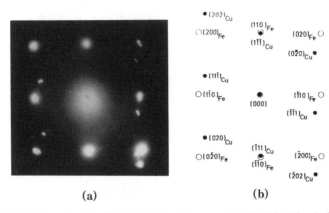

(a)　　　　　　　　　　　　(b)

図 5-15(Ⓣ図 5-19)　(a)Cu 析出物を含む α-Fe からの電子回折図形. (b)はそれを
　　　　　　　　　　　指数付けしたもの(key diagram). α-Fe と Cu の方位関係を決
　　　　　　　　　　　定できる.

解 答 5-10　**図 5-16**(a)および(b)にそれぞれ Fe および Cu の回折図形を示す. **図
5-16**(c)は, それらを重ね合わせたものである. **図 5-16**(c)から明らかなよ
うに, $(\bar{3}30)_{Fe}$ と $(\bar{2}\bar{4}2)_{Cu}$ は同じ方向を向いている. すなわち, $(\bar{3}30)_{Fe}$ と
$(\bar{2}\bar{4}2)_{Cu}$ は互いに平行であることを示している. つまり, $(\bar{1}10)_{Fe} /\!/ (1\bar{2}1)_{Cu}$ が
成立する. この場合, $(\bar{3}30)_{Fe}$ と $(\bar{2}\bar{4}2)_{Cu}$ が一致する必要はない.

　　図 5-17 は 00$\bar{1}$ 標準投影と 101 標準投影を重ね合わせたものである. ここで
00$\bar{1}$ 標準投影が Fe に, 101 標準投影が Cu に対応する. **図 5-17** が西山の関係
を示すものである. ただし, 対称性の関係で Fe 00$\bar{1}$ 投影を 001 投影に書き直
した.

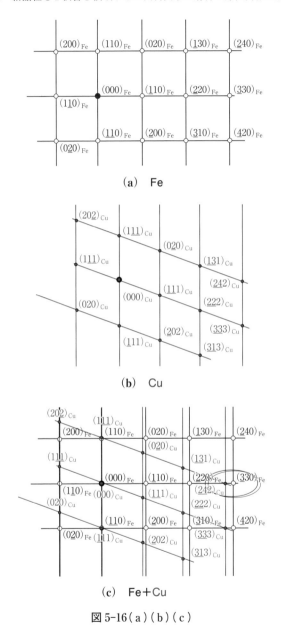

(a) Fe

(b) Cu

(c) Fe+Cu

図 5-16 (a) (b) (c)

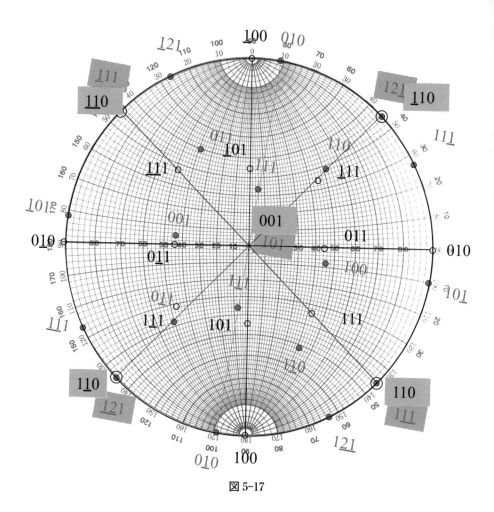

図 5-17

問題 5-11　Ⓣ p. 115

　　1次ラウエ・ゾーンを指数付けするためには0次ラウエ・ゾーンを一点鎖線で示した量だけ(つまり $\bar{1}\bar{1}1$ だけ)平行移動させても同じ結果が得られることを確かめよ.

解答 5-11　第1ラウエ・ゾーンの 111 と第0ラウエ・ゾーンの $\bar{2}\bar{2}0$ を加算すれば第1ラウエ・ゾーンの $\bar{1}\bar{1}1$ になることから明らかである(**図 5-18**).

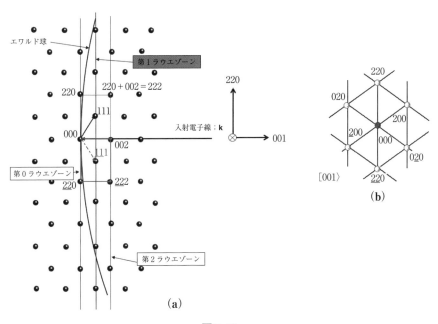

図 5-18

問 題 5-12　Ⓣ p.116

　FCC結晶で **B**＝[110]の場合には，$uh+vk+wl=N$ において，$N=$ 奇数の場合には回折斑点は現れない．この理由を考察せよ．

解 答 5-12　**B**＝110すなわち，$uvw=110$ であるから，$h+k=N$．FCC構造の場合には逆格子点はすべて偶数か奇数である．すべて偶数の場合は $N=h+k$ は偶数であり，すべて奇数の場合も $N=h+k$ は偶数となることは明らかである．

第6章

完全結晶の透過型電子顕微鏡像

問題 6-1　Ⓣ p. 126

　　ここまでは，簡単のため各単位胞からの回折波 ϕ_1, ϕ_2, ϕ_3, … の振幅を1と置いてきた．その振幅を(振幅-位相図での ϕ_1, ϕ_2, ϕ_3, … の長さ)を A としたとき，振幅-位相図の円の半径を求めよ(Ⓣ第6章参照)．

解答 6-1　行路差 c(z-方向，つまり入射電子線の方向の行路差)だけ進むと，位相が α だけずれる回折波(ϕ：振幅 A)が n 個が重なり合った結果，振幅-位相図が完全な半径 R の円になったとしよう．つまり，$\phi_1 + \phi_2 + \cdots + \phi_n = 0$ となる．

$$2\pi R = nA = \frac{2\pi}{\alpha}A \qquad \therefore\ R = \frac{A}{\alpha} = \frac{A}{2\pi \mathbf{s}_g \cdot \mathbf{c}}$$

問題 6-2　Ⓣ p. 127

　　(3)式を複素平面で表すと円になり，その半径が $1/(2\xi_g s_g)$ となって，問題6-1の結果と一致することを示せ．

　　入射波の強度を1とする．入射波が z だけ進んでから回折される波は $2\pi s_g z$ だけ位相がずれているので，厚さ t の試料を通過した後の回折波の振幅 ϕ_g は以下の式で与えられる．

$$\phi_g = \frac{\pi i}{\xi_g}\int_0^t \exp(-2\pi i s_g z)\mathrm{d}z \tag{1}$$

ここで，ξ_g は励起されている回折ベクトル $\mathbf{g}_{hkl}^*$ に対する消衰距離(extinction distance)と呼ばれるもので，

$$\xi_g = \frac{\pi V_c \cos\theta}{\lambda F(\theta)} \tag{2}$$

で表される．ここで，V_c は単位胞の体積，$F(\theta)$ は構造因子である．

　　s_g が z に依存しないとして(1)式を積分すると，

$$\phi_g = \frac{\pi i}{\xi_g}\frac{\sin \pi t s_g}{\pi s_g}\exp\{-i\pi t s_g\} \tag{3}$$

となり，強度は

$$I_g = \psi_g{}^2 = \left(\frac{\pi}{\xi_g}\right)^2 \left(\frac{\sin \pi t s_g}{\pi s_g}\right)^2 \tag{4}$$

となる．

解答 6-2　$\dfrac{\pi i}{\xi_g}$ は単位長さあたりの振幅，つまり問題 6-1 の $\dfrac{A}{c}$ に対応．したがって，

$$\psi_g = \frac{i}{\xi_g s_g}(\sin \pi t s_g \times \cos \pi t s_g - i \sin^2 \pi t s_g)$$

$$= \frac{i}{\xi_g s_g}\left(\frac{\sin 2\pi t s_g}{2} - \frac{i(1 - \cos 2\pi t s_g)}{2}\right)$$

$$= \frac{i}{2\xi_g s_g}(\sin 2\pi t s_g + i \cos 2\pi t s_g - i)$$

$$= \frac{1}{2\xi_g s_g}[1 - (\cos 2\pi t s_g - i \sin 2\pi t s_g)]$$

$$= \frac{1}{2\xi_g s_g}[1 - \cos 2\pi t s_g + i \sin 2\pi t s_g]$$

ここで，

$$1 - \cos 2\pi t s_g = 1 - \cos \alpha = x$$

と置くと，

$$\cos \alpha = 1 - x$$

また，

$$\sin 2\pi t s_g = \sin \alpha = y$$

と置くと，

$$\cos^2\alpha + \sin^2\alpha = 1$$

より，

$$(x-1)^2 + y^2 = 1$$

となり，ψ_g は $(1, 0)$ を原点とする円となる．ここで，$\dfrac{1}{2\xi_g s_g} = 1$ と置いたので，半径は $\dfrac{1}{2\xi_g s_g}$ となる（**図 6-1**）．

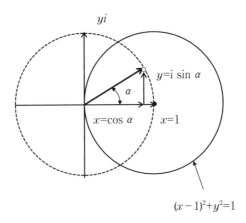

図 6-1

問 題 6-3　Ⓣp. 127

　Ⓣ定理 6-1 を (4) 式から証明せよ.

Ⓣ**定理 6-1**

①回折波の強度は結晶の厚さとともに周期的に変化し，その周期は $1/s_g$ である.

②ブラッグ条件からのずれ（$\mathbf{s}_g$）の増加とともに，回折波の強度は減少し，周期は短くなる.

解 答 6-3　2 倍角の公式

$$\sin^2\alpha = \frac{1-\cos 2\alpha}{2} \quad (\text{ここで，} \ \alpha = \pi t s_g)$$

を用いれば I_g は周期 t が（$2\pi t s_g = 2\pi$ より）$t = 1/s_g$ の余弦関数であることが分かる. その強度は s_g とともに減少する.

第7章

面欠陥と析出物のコントラスト

FCC 構造ではブラッグ回折を起こす面のミラー指数 (hkl) はすべて偶数か奇数に限られるので（⑦定理 4-2 参照），$\mathbf{g}^*_{hkl} \cdot \mathbf{R}_\mathrm{F} = \frac{1}{3}(\pm h \pm k \pm l)$ のうち可能な値は

$$0, \pm 1/3, \pm 2/3, \pm 1, \pm 4/3$$

である．位相角 $\alpha = 2\pi \mathbf{g}^*_{hkl} \cdot \mathbf{R}_\mathrm{F}$ の値としては

$$0, \pm 2\pi/3, \pm 4\pi/3, \pm 2\pi \cdots$$

が得られるが

$$4\pi/3 = -2\pi/3 + 2\pi,\ -4\pi/3 = 2\pi/3 - 2\pi,\ \pm 2\pi = 0 \pm 2\pi$$

となり，それぞれ位相角としては

$$-2\pi/3, 2\pi/3, 0$$

と等価になる．結局，位相角としては 0，$-2\pi/3$，$+2\pi/3$ の 3 つに限定される．その場合のフリンジの特徴として，

---

⑦定理 7-2

① $\mathbf{g}^*_{hkl} \cdot \mathbf{R}_\mathrm{F} = 0$ または整数のとき（$\alpha = 0$ または $2n\pi$）：
　積層欠陥は見えない．

② $\mathbf{g}^*_{hkl} \cdot \mathbf{R}_\mathrm{F} = +1/3$ のとき（$\alpha = +2\pi/3$）：
　明視野においてフリンジは対称的で一番外側のフリンジが白い．

③ $\mathbf{g}^*_{hkl} \cdot \mathbf{R}_\mathrm{F} = -1/3$ のとき（$\alpha = -2\pi/3$）：
　明視野においてフリンジは対称的で一番外側のフリンジが黒い．

④ $\mathbf{g}^*_{hkl} \cdot \mathbf{R}_\mathrm{F} = \pm 1/3$ のとき（$\alpha = \pm 2\pi/3$）：
　明視野においてフリンジは対称的であるが，暗視野では非対称である．明視野と暗視野でフリンジのコントラストが一致する側が試料の上方（すなわち電子線の入射面）で，一致しない側が下側（すなわち電子線の出射面）である．

これらを導くためには動力学的な考察が必要であるが，詳細はここでは省略する．

図 7-1（1）（⑦図 7-4）（a）（b）は同一の積層欠陥を $\mathbf{g}^* = \langle 220 \rangle$ を用いて撮影した明視野および暗視野像である．電子線の入射方向 $\mathbf{B}$ を試料の上向きにとることにする（⑦(5-4)式の脚注参照）．電子回折図形より $\mathbf{B}$ は $\langle 111 \rangle$ 方向であることが分かってい

る. いま, **B** の具体的な方向を[111]としよう, これはトンプソンの四面体では試料の上面がd面((111)面)であることに対応する.

B ＝[111] の場合には **g***＝〈220〉のうち, **g***＝$\pm[2\bar{2}0]$, $\pm[\bar{2}02]$, $\pm[0\bar{2}2]$ が可能である. いま, **g***＝$\pm[\bar{2}02]$ と仮定しよう. トンプソンの四面体を参照して, **g***∥BC である. したがって, 試料に斜めに入っている積層欠陥は$(1\bar{1}\bar{1})$面(トンプソンの四面体ではb面)にのっていることになる. すなわち, **R**$_F$ は $-\dfrac{1}{3}[1\bar{1}\bar{1}]$ か $\dfrac{1}{3}[1\bar{1}\bar{1}]$ のいずれかである.

積層欠陥の傾きに関して, 2つの可能性がある. すなわち, **図7-1(1)**(Ⓣ図7-4)(c′)(したがって(c))か, (d′)(したがって(d))かのいずれかである[*]. このいずれかを決定するためには明視野と暗視野の一番外側のフリンジを比較すると, **u** ではともに一番外側のフリンジが明るいが, **l** では明視野は明るく暗視野では暗い. したがって, Ⓣ定理7-2④より **u** が結晶の上面で **l** が下面であることが分かる. すなわち, **図7-1(1)**(Ⓣ図7-4)(c)(c′)が正しいことになる. すなわち**g***＝$[\bar{2}02]$ となる.

次 に, **R**$_F$＝$\dfrac{1}{3}[\bar{1}11]$ と 仮 定 す る と, **g**$^*_{hkl}$·**R**$_F$＝4/3, $\alpha=2\pi$**g**$^*_{hkl}$·**R**$_F$＝$8\pi/3$＝$2\pi+2\pi/3$となる. この場合は明視野像で一番外側のフリンジが白くなるはずである. 実際, **図7-1(1)**(Ⓣ図7-4)(a)から一番外側のフリンジは白くなっているから, **R**$_F$＝$\dfrac{1}{3}[\bar{1}11]$ と結論できる. トンプソンの四面体を参照すると **R**$_F$ は上向きとなり, この積層欠陥はイントリンシックであると結論できる.

---

[*] **g***∥$[\bar{2}02]$の向きを決定することと, **図7-1(1)**(Ⓣ図7-4)(c)(d)のいずれが正しいかを決定することは等価である.

問 題 7-1 Ⓣ p. 152

　図 **7-1 (1)** (Ⓣ図 7-4)で **B** = [Ī11] と仮定して上述と同様の解析操作を行い，この積層欠陥がイントリンシックであることを確かめよ.

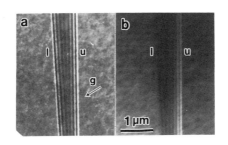

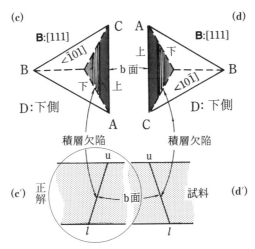

図 7-1 (1) (Ⓣ図 7-4)　FCC 結晶中の積層欠陥の性質の決定の例.
(a)は明視野像，(b)は暗視野像. 積層欠陥の傾きは(c)
(c′)か(d)(d′)のいずれかである.

解 答 7-1　図 7-1(2)より $R_F = 1/3[111]$ or $-1/3[111]$ である.

①$R_F = 1/3[111]$ と仮定すると,

$$g^* \cdot R_F = 1/3[111] \cdot (220) = 4/3 = 1 + 1/3$$

⊤定理 7-2 の「一番外側のフリンジが白い」と一致する.

②$R_F = 1/3[\bar{1}\bar{1}\bar{1}]$ と仮定すると,

$$g^* \cdot R_F = 1/3[\bar{1}\bar{1}\bar{1}] \cdot (220) = -4/3 = -1 - 1/3$$

⊤定理 7-2 の「一番外側のフリンジが黒い」と一致しない.

　したがって, $R_F = 1/3[111]$ となる. **図 7-1(2)(d′)** より, この積層欠陥はイントリンシックと同定できる(**図 7-2**(⊤図 7-3)参照).

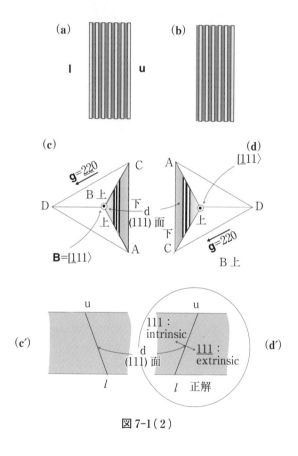

図 7-1(2)

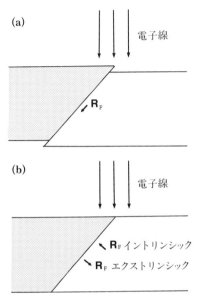

図 7-2（Ⓣ図 7-3） （a）面欠陥の変位ベクトル **R**$_F$ の定義. 上の結晶を固定して，下の結晶を **R**$_F$ だけずらす.（b）FCC 結晶中のイントリンシックな積層欠陥とエクストリンシックな積層欠陥の変位ベクトル **R**$_F$ の定義.

問 題 7-2　Ⓣ p. 152

　　図 7-1(1)（Ⓣ図 7-4）についてこの方法（Ⓣ定理 7-3 参照）を適用して，前述の方法と同じ結果が得られることを確かめよ.

解 答 7-2　図 7-3 に示すように $\mathbf{g}^* = \bar{2}02$ なので，クラス B に属する. $\mathbf{g}^*$ が向いている一番外側のフリンジは黒いのでイントリンシックと判断できる.

クラスB

図 7-3

問 題 7-3　Ⓣ p. 162

　　モアレ縞の周期 D は以下の式で表されることを示せ（一部訂正）. （ヒント）
図 7-4（Ⓣ図 7-14（改訂））参照.

$d_1 \neq d_2$ の場合

$$D = \frac{d_1 d_2}{(d_1^2 + d_2^2 - 2 d_1 d_2 \cos \theta)^{1/2}}$$

$$= \frac{d_1 d_2}{d_1 - d_2} \left\{ 1 - \frac{d_1 d_2}{2(d_1 - d_2)^2} \theta^2 \right\} \tag{1}$$

$$= \frac{d_1 d_2}{d_1 - d_2} \cos \omega \tag{2}$$

$d_1 = d_2$（回転モアレ）の場合

$$D = \frac{d}{\omega} \tag{3}$$

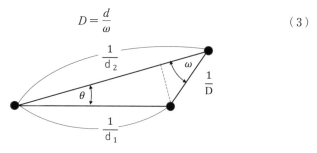

図 7-4（Ⓣ図 7-14（改訂））

解答 7-3 余弦定理 $a^2 = b^2 + c^2 - 2bc \times \cos\theta$ より

$$\left(\frac{1}{D}\right)^2 = \left(\frac{1}{d_1}\right)^2 + \left(\frac{1}{d_2}\right)^2 - 2\frac{1}{d_1}\frac{1}{d_2}\cos\theta = \frac{d_1^2 + d_2^2 - 2d_1 d_2\cos\theta}{d_1^2 d_2^2}$$

ここで,

$$a = d_1, \qquad b = d_2$$

と置くと,

$$\left(\frac{1}{D}\right)^2 = \left(\frac{1}{a}\right)^2 + \left(\frac{1}{b}\right)^2 - 2\frac{1}{a}\frac{1}{b}\cos\theta = \frac{a^2 + b^2 - 2ab\cos\theta}{a^2 b^2}$$

$$\therefore \ D(\theta) = \frac{ab}{(a^2 + b^2 - 2ab\cos\theta)^{\frac{1}{2}}}$$

$$\approx \frac{ab}{\left[a^2 + b^2 - 2ab\left(1 - \dfrac{\theta^2}{2}\right)\right]^{\frac{1}{2}}}$$

$$= \frac{ab}{[a^2 + b^2 - 2ab + ab\theta^2]^{\frac{1}{2}}}$$

$$= \frac{ab}{[(a-b)^2 + ab\theta^2]^{\frac{1}{2}}}$$

$$= \frac{ab}{\left[(a-b)^2\left\{1 + \dfrac{ab\theta^2}{(a-b)^2}\right\}\right]^{\frac{1}{2}}}$$

$$= \frac{ab}{a-b}\frac{1}{\left\{1 + \dfrac{ab\theta^2}{(a-b)^2}\right\}^{\frac{1}{2}}}$$

ここで,

$$A = \frac{d_1 d_2}{d_1 - d_2} = \frac{ab}{a - b} = D_{\text{para}}, \quad X = \theta^2$$

と置くと

$$\therefore \ D(\theta) = \frac{A}{\left\{ 1 + X \dfrac{A^2}{ab} \right\}^{\frac{1}{2}}}$$

$$= A \frac{1}{\sqrt{1 + \dfrac{A^2}{ab} X}}$$

$$\approx A \left(1 - \frac{1}{2} \frac{A^2}{ab} X \right)$$

$$= A \left(1 - \frac{1}{2} \frac{\left(\dfrac{ab}{a-b} \right)^2}{ab} X \right)$$

$$= A \left(1 - \frac{1}{2} \left(\frac{ab}{a-b} \right)^2 \frac{1}{ab} X \right)$$

$$= A \left(1 - \frac{1}{2} \left(\frac{1}{a-b} \right)^2 (ab)^2 \frac{1}{ab} X \right)$$

$$= A \left(1 - \frac{1}{2} \left(\frac{1}{a-b} \right)^2 ab X \right)$$

$$= A \left(1 - \frac{1}{2} \left(\frac{1}{a-b} \right)^2 ab \theta^2 \right)$$

$$= A \left(1 - \frac{1}{2} \frac{1}{(a-b)^2} ab \theta^2 \right)$$

$$= \frac{d_1 d_2}{d_1 - d_2} \left(1 - \frac{d_1 d_2}{2(d_1 - d_2)^2} \theta^2 \right)$$

$$= D_{\text{para}} \left(1 - \frac{d_1 d_2}{2(d_1 - d_2)^2} \theta^2 \right) \tag{1}$$

一方，

$$\cos \omega = \frac{\dfrac{1}{d_2} - \dfrac{1}{d_1}}{\dfrac{1}{D}}$$

$$\therefore \quad \frac{1}{D} = \frac{\dfrac{d_1 - d_2}{d_2 d_1}}{\cos \omega}$$

$$D = \frac{\cos \omega}{\dfrac{d_1 - d_2}{d_2 d_1}} = \frac{d_1 d_2}{d_1 - d_2} \cos \omega \qquad\qquad (2)$$

式の変形で，マクローリン展開を用いた．

$$\cos x = 1 - x^2/2! + x^4/4! - \cdots$$
$$(1+x)^{1/2} = 1 + (1/2)\,x - (1/8)\,x^2,$$
$$(1+x)^{-1/2} = 1 - (1/2)\,x + (3/8)\,x^2$$
$$(1-x)^{1/2} = 1 - (1/2)\,x,$$
$$(1-x)^{-1/2} = 1 + (1/2)\,x$$

第8章

転位のコントラスト

問 題 8-1 　Ⓣ p. 178

　図 8-1（Ⓣ図 8-5）で $\mathbf{s}_g < 0$ の場合について考察し，Ⓣ定理 8-4，8-5 を証明せよ.

Ⓣ定理 8-4　ブラッグ条件を満足させる方向に格子面が回転する位置にコントラストが現れる.

Ⓣ定理 8-5
$(\mathbf{g}^* \cdot \mathbf{b})\mathbf{s}_g < 0$ の場合には転位芯の右側にコントラストが現れる.
$(\mathbf{g}^* \cdot \mathbf{b})\mathbf{s}_g > 0$ の場合には転位芯の左側にコントラストが現れる.

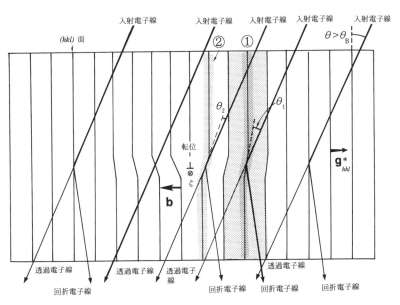

図 8-1（Ⓣ図 8-5）　転位のまわりで回折コントラストがつく機構の定性的な説明. 転位線の右側のコラム①でブラッグ条件を満足する.

解 答 8-1　図 8-2（a）において，**b** と **g*** が逆向きであることから，$(\mathbf{g}^* \cdot \mathbf{b}) < 0$. また，タケノコの内側においては $\mathbf{s}_g < 0$. その結果，$(\mathbf{g}^* \cdot \mathbf{b})\mathbf{s}_g > 0$ となるが，転位のコントラストは転位芯の左側に現れ，Ⓣ定理 8-5 と矛盾しない. また，図 8-2（a）より，強い反射，つまり，転位のコントラストは，格子面がブラッグ条件を満足する方向に傾斜する位置に現れ，Ⓣ定理 8-4 と一致する.

（a）

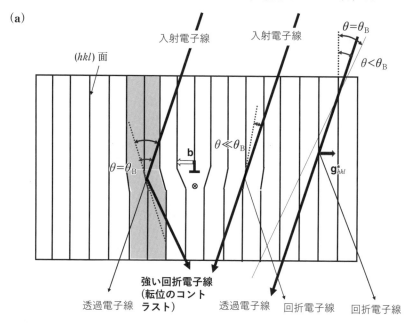

（b）

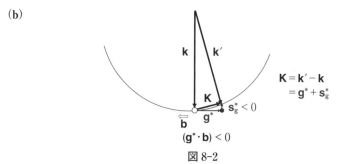

図 8-2

問 題 8-2　Ⓣ p. 178

　余分の原子面(extra-half plane)が下側にある場合にも同じ結論が得られることを証明せよ.

解 答 8-2　**図 8-3** の場合には，**b** と $\mathbf{g}^*$ が同じ向きであることから，$(\mathbf{g}^* \cdot \mathbf{b}) > 0$. 今，$\mathbf{s}_g > 0$. その結果，$(\mathbf{g}^* \cdot \mathbf{b})\mathbf{s}_g > 0$ となり，転位のコントラストは転位芯の左側に現れる. つまり，Ⓣ定理 8-5 を満たす(問題 8-1 参照).

(a)

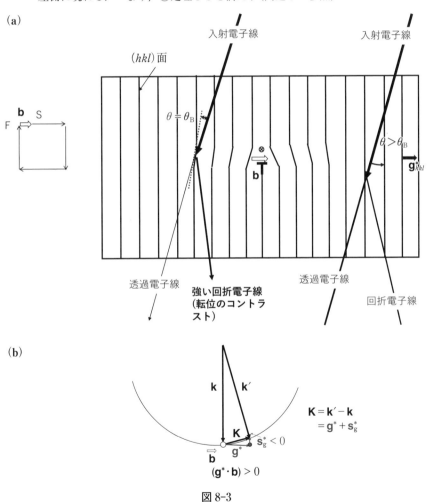

(b)

図 8-3

問 題 8-3　Ⓣ p. 182

　　図8-4(Ⓣ図8-10)に単純格子の試料中に格子間原子タイプの転位ループが試料面に対して斜めに入っている場合を描いてある．太い線で示した(hkl)面がブラッグ反射するとして，(hkl)面の回転から，強いコントラストが転位ループの内側に現れるか，外側に現れるかを，Ⓣ定理8-4(問題8-1参照)を用いて考察せよ．

解 答 8-3　格子面が右に傾く方がブラッグ条件を満たす．したがって，転位のコントラストは外側に現れる(図8-4)(Ⓣ図8-10)．

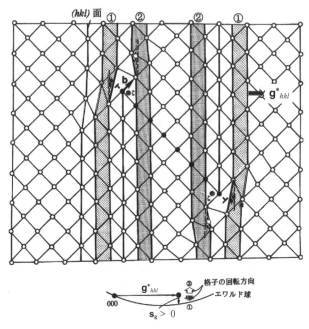

図8-4(Ⓣ図8-10)　転位ループが斜めに入っている場合の転位近傍での(hkl)面の回転方向.

問題 8-4　Ⓣ p. 186

　図 8-5(Ⓣ図 8-13)(**c**)(**d**)に示す転位ループⓐ, ⓑも格子間原子型であることを確かめよ.

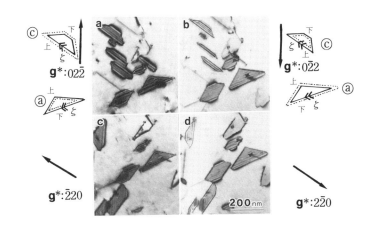

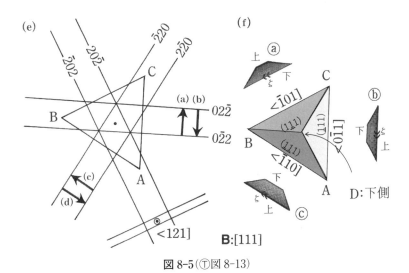

図 8-5(Ⓣ図 8-13)

解 答 8-4　図 8-6(1),(2)を参照.

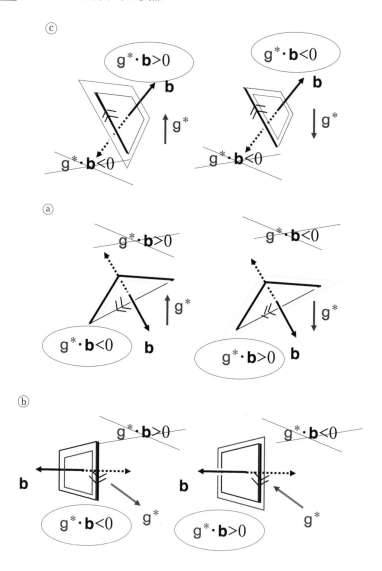

図 8-6(1)

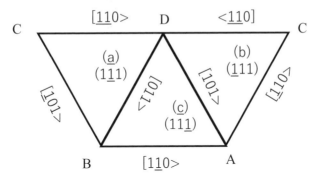

図8-6(2)　トンプソンの四面体の内側.

第9章

ウィーク・ビーム法，ステレオ観察等

問 題 9-1　Ⓣ p. 202

図 9-1（Ⓣ図 9-3）（b）の拡大図のように n 次（この場合 3 次）の回折が励起されている場合，$\mathbf{g}^*$ に対する $|\mathbf{s}_\mathrm{g}|$ は次式で与えられることを示せ.

$$|\mathbf{s}_\mathrm{g}| = \frac{(n-1)^2 |\mathbf{g}^*|^2}{2|\mathbf{k}|}$$

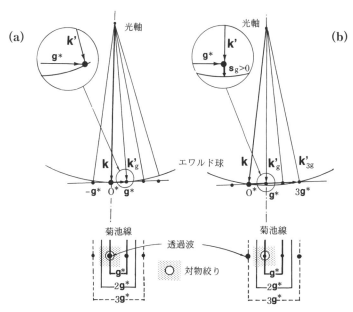

図 9-1（1）（Ⓣ図 9-3）　$\mathbf{g}^*/3\mathbf{g}^*$ のウィーク・ビームの条件の合わせ方．（a）では $\mathbf{g}^*$ がエワルド球を切っており，$\mathbf{g}^*$ に対しては $\mathbf{s}_\mathrm{g}=0$ である．入射波を（a）の $-\mathbf{g}^*$ の位置まで傾けると，$3\mathbf{g}^*$ がエワルド球を切り，$\mathbf{g}^*$ に対する $\mathbf{s}_\mathrm{g}$ は大きくなる．このとき，電子顕微鏡の光軸は $\mathbf{g}^*$ の方向に回折された回折波の方向と一致する（b）．

147

解 答 9-1　**図 9-1(1)**(①図 9-3)(b)の拡大図のように n 次(この場合 3 次)の回折が励起されるとしよう.

三角形 $O\mathbf{g}^*3\mathbf{g}^*$(赤でハッチング)において，$\angle O\mathbf{g}^*3\mathbf{g}^* = \angle R$. ピタゴラスの定理より，

$$(\mathbf{k} - \mathbf{s}_g)^2 + (n-1)^2 \mathbf{g}^{*2} = \mathbf{k}^2$$

$$\mathbf{k}^2 - 2\mathbf{s}_g\mathbf{k} + \mathbf{s}_g^2 + (n-1)^2 \mathbf{g}^{*2} = \mathbf{k}^2$$

$\mathbf{s}_g^2$ は無視すると，

$$-2\mathbf{s}_g\mathbf{k} + (n-1)^2 \mathbf{g}^{*2} = 0$$

$$|\mathbf{s}_g| = \frac{(n-1)^2 |\mathbf{g}^*|^2}{2|\mathbf{k}|}$$

となる(**図 9-1(2)**).

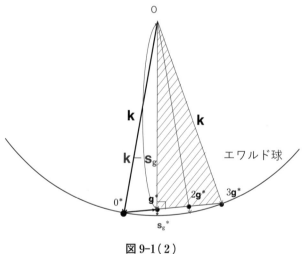

図 9-1(2)

問 題 9-2 Ⓣ p.211

図 9-2（Ⓣ図 9-13（改訂））に示した転位は FCC 合金中の拡張転位である．試料の膜面は(111)で **b** は膜面にほぼ平行である．すなわち $b_z=0$ であると仮定して **b** を決定せよ（3 つの異なる $\mathbf{g}^*$ に対して（1）式を適用すれば **b** を一義的に決定できる）．

Ⓣ定理 9-1

$\mathbf{g}^*_{hkl} \cdot \mathbf{b} = N$

または，$hb_x + kb_y + lb_z = N$ （1）

ここで，$\mathbf{b} = (b_x, b_y, b_z)$

Ⓣ定理 9-2 くさび状の試料の端部が上側にくるように置いて，余分な等厚干渉縞が転位線の

・左にある場合は $N < 0$,

・右にある場合は $N > 0$.

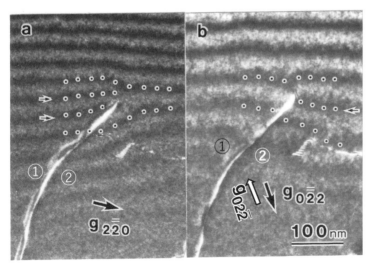

図 9-2（Ⓣ図 9-13（改訂）） （b）に追加した $\mathbf{g}_{02\bar{2}}$（白矢印）の方が正しい方向．

解答および解説 9-2　　**図 9-2**（Ⓣ図 9-13（改訂））（ a ）においては，ショックレイの部分転位が 2 本見えているので，余分の等厚干渉縞は完全転位（$\mathbf{b}=\mathbf{b}_x+\mathbf{b}_y+\mathbf{b}_z$）に対するものである．

　余分の等厚干渉縞は左側に 2 本あるので，Ⓣ定理 9-1 およびⒻ定理 9-2 より，

$$2b_x-2b_y=-2 \tag{2}$$
$$\mathbf{g}=2\bar{2}0$$
$$b_x-b_y=-1 \tag{3}$$

完全転位であるので，$|b_x|=|b_y|=\dfrac{1}{2}$．これより，$b_x=-\dfrac{1}{2}$，$b_y=\dfrac{1}{2}$ となり

$$\mathbf{b}=-1/2,1/2,0 \tag{4}$$

と結論づけることができる．つまり，トンプソンの記号によれば，$\mathbf{b}=\mathbf{AB}$ である．

　図 9-2（Ⓣ図 9-13（改訂））（ b ）においては 2 本の部分転位の内，②のみが見えている．したがって，余分の等厚干渉縞は部分転位②に対するものである．

$$\mathbf{AB}=\mathbf{A\delta}+\mathbf{\delta B}=\mathbf{\delta B}+\mathbf{A\delta}$$

と分解するので部分転位②のバーガース・ベクトルは $\mathbf{A\delta}=\bar{1}2\bar{1}$．

　等厚干渉縞が右側に 1 本あるので

$$0+2\times b_y^1-2\times b_z^1=1 \tag{5}$$
$$\mathbf{g}=02\bar{2}$$
$$\mathbf{A\delta}=\frac{1}{6}[\bar{1}2\bar{1}]$$

を（5）式に代入すると，

$$2\times\left(b_y^1=\frac{2}{6}\right)-2\times\left(b_z^1=-\frac{1}{6}\right)=\frac{4}{6}+\frac{2}{6}=1 \tag{6}$$

問　題 9-3　（新たに追加）

　問題 9-2 は分解転位を対象としているのでやや複雑である．**図 9-3** の（ a ）〜（ e ）（坂，岩田；未発表）は GaN 中の転位に対して行った解析の例である．ここで，転位は拡張していないと仮定して，$\mathbf{b}$ を決定せよ．

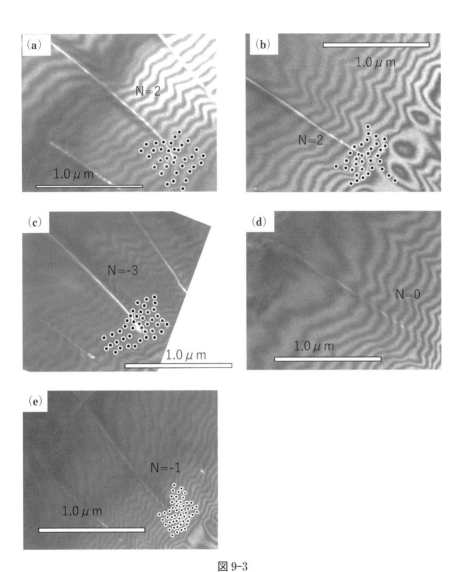

図 9-3

解 答 9-3　図 9-3 の（a）～（e）をまとめると表 9-1 のようになる．

表 9-1

#	g	N	問題 9-2 の（1）式に代入	$u_x,\ u_y,\ u_z$
a	$g=002$	2	$0u_x+0u_y+2u_z=2$	$u_z=1$
b	$g=102$	2	$1u_x+0u_y+2u_z=2$　$1u_x+2u_z=2$　$u_x+2=2$	$u_x=0$
c	$g=\bar{1}\bar{1}2$	-3	$-1u_x-1u_y-2u_z=-3$　$-1u_y-2=-3$	$u_y=1$
d	$g=100$	0	$1u_x+0u_y+0u_z=0$	$u_x=0$
e	$g=2\bar{1}0$	-1	$2u_x-1u_y+0u_z=-1$　$-1u_y=-1$	$u_y=1$

これより，**b**＝011 と結論できる．

索　引

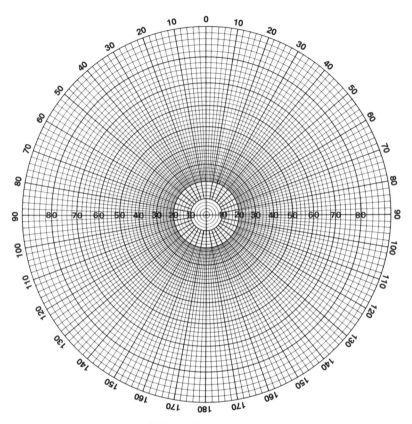

付録 1　極ステレオ網.

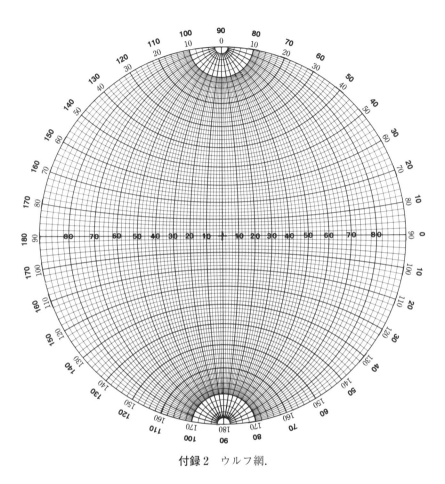

付録 2　ウルフ網.

著者略歴
坂　　　公恭（さか　ひろやす）
1941 年 12 月　奈良県生まれ
1964 年 3 月　名古屋大学工学部金属学科卒業
1969 年 3 月　名古屋大学大学院工学研究科博士課程修了
1970 年 11 月　名古屋大学工学部助手
1977 年 9 月　英国オックスフォード大学留学
　　～1979 年 8 月　（ブリティッシュ・カウンシル）
1979 年 9 月　名古屋大学助教授
1988 年 4 月　名古屋大学教授
2005 年 3 月　名古屋大学退職
2005 年 4 月　名古屋大学名誉教授
2007 年 6 月　名古屋大学特任教授
2012 年 4 月　知の拠点あいち　嘱託研究員
　　～2014 年 3 月
2014 年 4 月　愛知工業大学客員教授，現在に至る
　　　　　　　工学博士

2023 年 1 月 25 日　第 1 版発行

検印省略

問題と解答
結晶電子顕微鏡学

著　者　坂　　　公　恭
発行者　内　田　　　学
印刷者　山　岡　影　光

発行所　株式会社　内田老鶴圃　〒112-0012 東京都文京区大塚 3 丁目34番 3 号
電話 （03）3945-6781（代）・FAX （03）3945-6782
http://www.rokakuho.co.jp/
印刷・製本/三美印刷 K. K.

Published by UCHIDA ROKAKUHO PUBLISHING CO., LTD.
3-34-3 Otsuka, Bunkyo-ku, Tokyo, Japan

U. R. No. 670-1

ISBN 978-4-7536-5651-6 C3042　　©2023 坂公恭

結晶電子顕微鏡学 —材料研究者のための— 増補新版

坂 公恭 著

A5・300 頁・定価 4840 円（本体 4400 円＋税 10%）
ISBN 978-4-7536-5605-9

電子線ナノイメージング 高分解能 TEM と STEM による可視化

田中 信夫 著　A5・264 頁・定価 4400 円（本体 4000 円＋税 10%）　ISBN978-4-7536-5636-3

http://www.rokakuho.co.jp/